国家自然科学基金青年基金项目(21808237)资助
江苏省基础研究计划(自然科学基金)青年基金项目(BK
中国博士后科学基金面上项目(2018M630630)资助
中国矿业大学中央高校基本科研业务费专项资金项目(2018QNA15)资助
中国博士后科学基金第 12 批特别资助(2019T120478)资助

褐煤有机质的组成结构特征和温和转化基础研究

柳方景　　魏贤勇　　宗志敏　著

中国矿业大学出版社

内 容 提 要

从分子水平深入研究褐煤中有机质的组成结构是实现褐煤高效利用的基础。在此基础上探索温和条件下能使褐煤中一些共价键断裂的转化反应,选择性生成有机小分子化合物,是实现褐煤高附加值利用的关键。本书作者多年来致力于从分子水平上研究褐煤有机质的组成结构特征和温和定向转化。本书主要总结了作者近年来在褐煤温和萃取、热溶、温和氧化解聚和超临界醇解等方面的研究工作,详细介绍通过这些温和转化手段得到的褐煤有机质组成的结构特征。

本书可作为从事煤化学、煤化工、有机地球化学和有机化工等学科领域的教学、科研及技术开发人员的参考用书。

图书在版编目(CIP)数据

褐煤有机质的组成结构特征和温和转化基础研究 /
柳方景,魏贤勇,宗志敏著. —徐州:中国矿业大学出
版社,2019.8

ISBN 978 - 7 - 5646 - 4112 - 2

Ⅰ. ①褐… Ⅱ. ①柳… ②魏… ③宗… Ⅲ. ①褐煤－
研究 Ⅳ. ①TD94

中国版本图书馆 CIP 数据核字(2018)第 201692 号

书　　名	褐煤有机质的组成结构特征和温和转化基础研究
著　　者	柳方景　魏贤勇　宗志敏
责任编辑	马晓彦
出版发行	中国矿业大学出版社有限责任公司
	(江苏省徐州市解放南路　邮编221008)
营销热线	(0516)83884103　83885105
出版服务	(0516)83995789　83884920
网　　址	http://www.cumtp.com　E-mail:cumtpvip@cumtp.com
印　　刷	江苏凤凰数码印务有限公司
开　　本	787 mm×1092 mm　1/16　印张 11　字数 210 千字
版次印次	2019 年 8 月第 1 版　2019 年 8 月第 1 次印刷
定　　价	39.00 元

(图书出现印装质量问题,本社负责调换)

前　言

　　我国褐煤资源储量较为丰富,在我国煤炭资源中占很大的比重,产地主要集中在内蒙古和云南等地区。与无烟煤、烟煤和次烟煤相比,褐煤的变质程度较低。一方面,高的有机氧含量导致褐煤热值低,且褐煤中含 N 和 S 等杂原子。这些特点使得褐煤直接燃烧不仅热效率低,且会产生大量的烟尘、CO_x、NO_x 和 SO_x 等有害物质,给环境造成了严重的污染,因此褐煤作为能源利用先天不足。此外,原油价格的不稳定也给我国现有的煤化工行业带来了巨大的冲击和挑战。因此,开发反应条件温和、环境友好和产品附加值高的褐煤非燃料利用技术是实现褐煤清洁高效利用的关键和今后褐煤转化研究的热点,同时也是难点和挑战。而另一方面,褐煤有机质在演化过程中很大程度上保留了成煤植物的大分子结构,有机氧含量高,这些含氧有机质结构是诸多高附加值有机化学品特别是含氧有机化学品的前驱体。这一特点使得褐煤作为获取高附加值含氧有机化学品的化工原料,具有得天独厚的优势。

　　要实现褐煤的高效利用和从其中获取高附加值化学品,首先必须从分子水平上对褐煤有机质组成结构进行细致深入的研究,才能做到"有的放矢"。在深入了解褐煤有机质组成结构的基础上,通过合适的化学反应(如氧化解聚和超临界醇解等)在温和条件下选择性地断裂褐煤有机质结构中的一些共价键,使其选择性解聚为有机小分子化合物,是实现褐煤高附加值利用的关键步骤。通过对所得小分子化合物的组成分析也可以反推褐煤有机质的部分结构特征。本书作者多年来致力于从分子水平上研究褐煤有机质的组成结构特征和温和定向转化。本书主要总结了作者近年来在褐煤低温萃取、热溶、超临界醇解和温和氧化等方面的研究工作,详细介绍通过这些温和转化方法获得的褐煤有机质组成的结构特征。

　　全书共分为 6 章。第 1 章主要介绍了褐煤有机质的结构模型及其解离分析方法研究进展。第 2 章介绍了作者利用多种现代仪器分析手段直接表征褐煤有机质结构的研究。第 3 章介绍作者在褐煤超声分级萃取和逐级热溶方面的研究结果,从分子水平上揭示了褐煤有机质中可溶有机分子的组成和溶出规律。第 4 章是在 3 章的基础上对逐级热溶进行钌离子催化氧化,深入探讨了褐煤难溶有机大分子骨架中缩合芳环的结构特征。第 5 章介绍了褐煤在 H_2O_2 和 NaOCl 水溶液中氧化制备高附加值有机酸的研究结果。第 6 章主要介绍了作者在褐煤超声萃余物的超临界 NaOH/甲醇解反应方面的研究工作，利用多种现代分析仪器详细分析醇解所得可溶物并探讨了超临界甲醇解的机理。

本书的相关研究工作及出版得到了国家自然科学基金青年基金项目（21808237）、江苏省基础研究计划（自然科学基金）青年基金项目（BK20180642）、中国博士后科学基金面上项目（2018M630630）、中国矿业大学中央高校基本科研业务费专项资金项目（2018QNA15）和中国博士后科学基金第 12 批特别资助（2019T120478）的资助。本书主要是在作者硕士和博士学位论文的基础上修改完善而成，在此对本书相关研究工作提供帮助与支持的老师和研究生表示诚挚的谢意。

由于作者水平和时间有限，书中难免存在不足之处，敬请读者批评指正。

作　者

2019 年 7 月

目　　录

1 褐煤中有机质结构及其研究进展

1.1 背景与意义

煤是由远古植物的遗骸经过亿万年以上的漫长岁月在复杂的地质环境下转化成的不可再生的宝贵化石资源。2012 年年底,中国煤炭已探明可采储量为 1 145亿 t,占世界已探明可采总储量的 13.3%,居世界第三位,仅次于美国和俄罗斯[1]。在我国能源消费结构中,煤长期占据主导地位,其中绝大部分用于直接或间接燃烧。煤燃烧后产生大量的烟尘、CO_x、NO_x 和 SO_x 等有害物质,是造成大气污染和形成酸雨、酸雾的罪魁祸首。由 CO_2 排放引起的温室效应和全球气候变暖近年来越来越受到关注。据资料统计,我国 CO_2 排放量位居世界第二位,仅次于美国。由煤燃烧产生的诸多环境问题表明,煤直接作为能源利用存在着诸多不容忽视的隐患和负面影响。因此,加强煤的综合洁净高效利用,大力发展以获取有机化学品为目的煤非燃料利用技术,使煤化工与石油化工共同为化学工业提供丰富的化工原料,是今后煤化工发展的一个主要方向和研究热点。

中低阶煤主要是指褐煤和次烟煤。我国中低阶煤的储量被估计为 52.3 Gt,仅次于美国中低阶煤的储量[1]。有机质中氧含量较高是中低阶煤的共同特征。次烟煤有机质中的氧含量接近 20%,而褐煤有机质中的氧含量都在 20% 以上。与无烟煤和烟煤相比,褐煤的变质程度较低,在很大程度上保留了成煤植物的大分子结构,不仅体现在有机氧含量高,而且分子量较大,因而在传统有机溶剂中的可溶性较差。由于其灰分收率高且水含量和氧含量高,褐煤转化的传统工艺受到限制。此外,气化、液化和热解炼焦等传统煤化工是基于热加工的工艺,均存在操作工艺流程长、反应条件苛刻、能耗高和污染重等诸多问题,也限制了褐煤的高效洁净利用。而另外一方面,褐煤有机氧含量高,有机质中富含含氧有机化合物,这些含氧有机化合物绝大部分为高附加值化学品。因此,褐煤作为化工原料以获取高附加值化学品特别是含氧有机化学品,具有得天独厚的优势。相关报道表明,褐煤可以作为化工原料的来源,用于生产合成医药、农药、染料、新型工程塑料和功能性聚合物材料等精细化工产品及其有机中间体[2]。传统褐煤转化工艺未能从分子水平上了解煤中有机质组成结构,因而存在各种不足。运用非破坏性的分析手段结合各种化学方法,深入了解褐煤中有机质的组成结构,是实现褐煤高效利用和获取高附加值化学品的基础。在此基础上通过合适的转化反应在较温和的条件下使褐煤中有机质选择性解聚为有机小分子化合物是实现褐煤高附加值利用的关键,同时也能提供褐煤有机质结构的关键信息。

1.2 煤结构及其研究方法

1.2.1 煤的结构模型

煤的组成结构历来是煤化学的研究核心。通过物理和化学手段从分子水平上深入了解煤的组成结构是分子煤化学需要解决的核心问题,任何煤的加工转化利用工艺途径都不可能绕过对煤的组成结构的深入了解。一般认为煤的组成结构包括两个方面:一方面是煤的化学结构即分子组成结构;二是煤的物理结构即分子间的堆垛结构与孔隙结构等。对煤化学结构的研究包括揭示煤中有机质分子间和分子内的非共价键作用力(范德瓦耳斯力、静电相互作用力、氢键作用力和相互作用力等)以及有机质分子组成结构(碳骨架结构、杂原子形态分布、共价键类型和缩合芳环结构等)。从 20 世纪 40 年代初开始,科学家们利用各种物理化学方法结合先进的仪器和分析及计算、化学手段研究煤的组成结构,根据得到的各种煤结构参数进行推测和假想,提出了各种煤的化学结构和物理结构模型[3-7]。

在过去的 70 多年时间里,针对不同变质程度的煤,科学家们提出了 130 多种煤化学结构模型[5],其中比较典型的模型主要有 Fuchs 模型、Given 模型、Wiser 模型、本田模型、Wender 模型、Solomon 模型和 Shinn 模型。Fuchs 模型是由德国人 W.富克斯(W. Fuchs)提出的,并经克雷维伦(Krevelen)于 1957 年进行了修改。该模型认为煤的主体结构是由很大的蜂窝状缩合芳环结构和其边缘上任意分布的含氧官能团为主的基团组成的。此后,研究者广泛利用 X 射线衍射(XRD)、傅立叶变换红外光谱(FTIR)和统计结构解析等分析方法,提出了一些类似 Fuchs 模型的煤结构模型,煤结构单元中的芳环结构缩合程度均很高。Given 模型认为低变质程度的烟煤的分子呈线性排列构成叠状的三维空间大分子,主要由含脂肪环相连的萘环结构组成,氮原子以杂环(吡啶环)的形式存在。该模型的缩合芳环结构单元主要以邻位亚甲基相连,模型没有考虑含硫结构、醚键和两个碳原子以上的亚甲基桥键。Wiser 模型是被认为比较合理和全面的煤化学结构模型,主要针对变质程度较低的烟煤。如图 1-1 所示,该模型包含了

1~5个苯环的芳环结构,芳碳的含量在 65%~75%,氢原子主要存在于氢化芳环、烷桥键和烷基侧链中,还考虑了 O、N 和 S 等杂原子的赋存形态;芳环之间交联键主要由碳原子数为1~3的亚甲基桥键[—(CH₂)₁~₃—]、醚键(—O—)、硫醚(—S—)及连接芳环结构芳基碳碳键组成。但是该模型的缺点在于没有考虑官能团、取代基及缩合芳环等在立体空间中的稳定性。本田模型是最早考虑小分子化合物的模型,主要的芳环结构为菲,通过较长的亚甲基桥键连接,氧主要以羟基、羰基和醚的形式存在,但是忽略了 N 和 S 的存在形式。Shinn 模型是根据煤液化产物的分布提出来的。该模型的煤结构分子式为 $C_{661}H_{561}N_{11}O_{74}S_{6}$,氧含量较高,主要以酚羟基形式存在。基本结构单元中包含 2~3 个苯环的芳环和氢化芳环结构,由较短的亚甲基桥键和醚键相连,形成大分子聚集体,一些小分子化合物镶嵌在聚集体的空洞或空穴中。以上化学结构模型各有优缺点,煤的复杂性导致其化学组成结构至今尚不完全清楚。

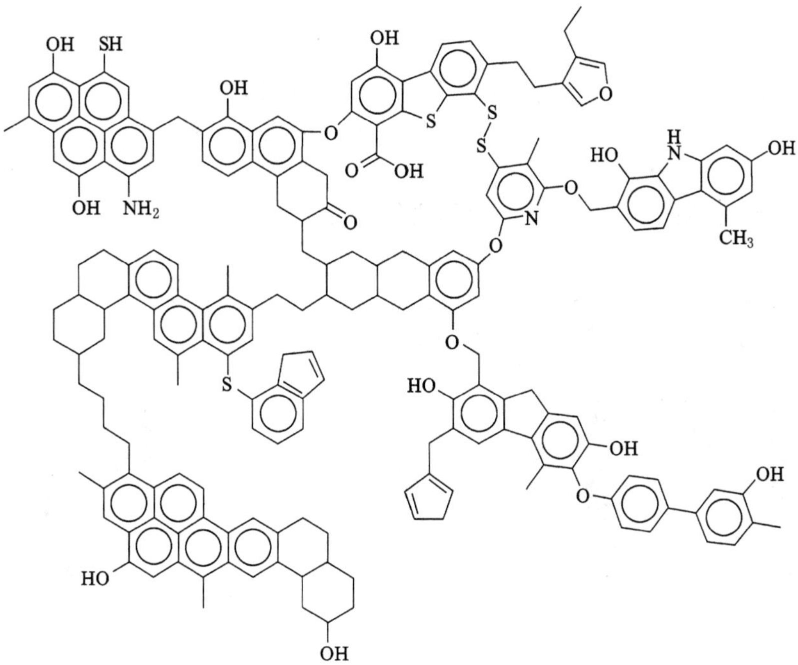

图 1-1　Wiser 煤结构模型[5]

煤的化学结构表示了煤分子的化学组成结构。为了描述煤的物理结构和分子间的相互关系,科学家们提出了煤的物理结构模型。具有代表性的物理模型有 Hirsch 模型[8]和两相模型[9]。Hirsch 模型是根据 X 射线衍射结果将不同变质程度的煤划分为敞开式结构、液态结构和无烟煤结构。该模型较直观地反映了煤的物理结构特征,但忽略了煤分子构成的不均一性。Haenel[9]根据煤的^{1}H核磁共振谱(NMRS)结果提出了煤的两相模型,又称为主-客体(host-guest)模型或非缔合(non-associated)模型[图 1-2(a)]。在该模型中,通过桥键相连的多聚缩合芳环或氢化芳环结构形成无流动性的三维交联大分子网络结构作为主体,流动相小分子化合物作为客体束缚在主体中。主体结构难溶于有机溶剂,而流动相的小分子可以通过溶剂萃取从主体中分离出来。该模型较好地表明了煤分子既有以共价键相连的交联结构,也有分子间的物理缔合作用。煤的低溶剂萃取率和在萃取物中检测到的各种小分子化合物从某种程度上支持了这种模型的正确性。除了上述两种典型的物理结构模型,研究者们还提出了煤的缔合(associated)结构模型[图 1-2(b)]、复合(combined)结构模型[图 1-2(c)]以及嵌布结构模型等[3,10-11]。煤的缔合结构模型由 Nishioka 首先提出,又被称为非共价键网络模型[3]。该模型认为煤各分子之间以非共价键相互作用结合形成网络结构,非共价键作用主要包括氢键、芳环之间的相互作用、电荷转移、偶极矩作用以及缠绕作用等[10]。Niekerk 和 Mathews[12]根据高分辨率透射电子显微镜(HRTEM)和^{13}C NMRS 试验结果并结合现存的煤结构模型,提出煤的复合结构模型。复合模型结合非缔合和缔合结构模型的特点,认为小分子与大分子间以非共价键作用相结合,大分子团簇之间既有非共价键作用也有共价键作用。秦志宏[11]提出的嵌布结构模型认为煤是由大分子组分、中型分子组分、较小分子组分和小分子组分 4 种族组分组成的,相互之间主要以镶嵌方式连接。煤中的小分子呈游离态、微孔嵌入态和网络嵌入态 3 种形态分布。

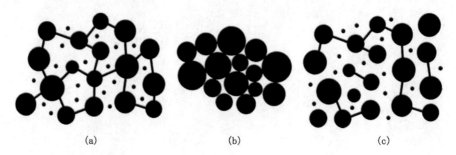

      (a)   (b)   (c)

图 1-2　煤的非缔合结构模型、缔合结构模型和复合结构模型[10]

(a) 非缔合结构模型;(b) 缔合结构模型;(c) 复合结构模型

1.2.2　煤结构研究方法

针对不同的煤种和煤中不同结构组分,研究煤结构的方法也是多种多样的,归纳起来大致分为化学方法、物理方法和物理化学方法[7]。化学方法是指用破坏性分析方法研究煤的组成结构,即首先用热解、加氢、卤化、氧化解聚、烷基化和酰基化等化学反应使煤的大分子结构转化为可检测的小分子,然后通过检测到的小分子反推煤组成结构的一类方法。这一类方法在研究煤组成结构的同时还能获得大量的具有高附加值的化学品。物理方法即采用非破坏性分析方法,在不破坏煤自身结构的前提下,利用先进的仪器和分析手段了解煤的表面微观、孔隙结构、芳环、官能团及电子结构等,从而得到煤的结构特征。常用的分析方法主要包括 FTIR、NMRS、气相色谱/质谱联用仪(GC/MS)、X 射线衍射(XRD)和 X 射线光电子能谱仪(XPS)和透视电子显微镜(TEM)等。目前,物理研究方法主要还是基于用现代仪器分析手段直接对煤进行结构分析,能够较为真实地反映煤的结构特征,但只能粗略提供煤的整体平均结构信息,而不是煤的分子结构。煤的物理化学方法则主要是指在不破坏煤结构前提下,借助于化学处理和仪器分析相结合的方法来研究煤的分子结构特征。

1.3 褐煤分子结构模型与元素组成

1.3.1 褐煤结构模型

褐煤结构的研究相对烟煤滞后很多,直到 1976 年才由 Wender[13] 提出首个褐煤化学结构模型。Wender 模型的分子式为 $C_{42}H_{40}O_{10}$,仅含 92 个原子。该模型中的芳环结构仅含一个苯环,苯环之间通过桥键相连,芳环结构上连有 1~3 个碳原子数的烷基侧链,结构中的氧以羧基、羰基、酚羟基、醇羟基和醚氧等形式存在。该模型的特点符合褐煤的一些结构特征,但结构过于简单。此后,研究者们针对褐煤提出一些化学结构模型,主要包括 Philip 模型、Wolfrum 模型、Tromp-Moulijn 模型、Huttinger-Michenfelder 模型和 Patrakov 模型等[5]。Philip 模型是基于褐煤的液化产物提出来的,结构单元的分子式为 $C_{115}H_{125}O_{17}NS$。主体结构由一系列苯并呋喃相连,并连接一些氢化芳烃和脂肪侧链结构。该模型还首次在褐煤结构中引入含 N 和 S 的结构及脂肪酯侧链,N 和 S 以吲哚和硫醇的形态存在。1984 年,Wolfrum 提出分子量更大的褐煤结构模型($C_{227}H_{183}O_{35}N_4S_3CaFeAl$)。该模型更全面地考虑了褐煤中的芳环结构类型和杂原子(N 和 S)赋存形态。芳环结构不仅仅是苯环,还包含高达 7 个环的缩合芳环结构及部分氢化芳环。在该结构中,N 元素主要存在于氨基、酰胺和吲哚等结构中,S 元素则以硫醇和噻吩等形态存在。此外,该模型还考虑了金属原子如 Ca、Fe 和 Al 的存在形式。Tromp-Moulijn 模型是为了了解褐煤的热解反应性提出来的,该结构中芳环只有苯环,环上连有甲氧基、羟基和脂肪侧链（$C_3 \sim C_6$）。Huttinger-Michenfelder 模型（$C_{270}H_{240}O_{90}N_3S_3M_{10}$）结构中包含 1~3 个环的芳环和氢化芳环结构。该模型还强调了阳离子交换在褐煤结构中的重要性。Patrakov 等根据非等温液化产物构建了 Siberian 褐煤的结构模型，其分子式为 $C_{727}H_{790}N_2S_4O_{36}$，并构建了 3D 结构模型。该结构模型中含 1~8 环的氢化芳环结构，它们之间通过亚甲基桥键、氧桥键和醚桥键相连。这些褐煤结构模型虽然比较全面地考虑褐煤的一些结构特征，也能解释部分褐煤反应特性，但仍然存在不足之处，也没有考虑小分子化合物在褐煤中的存在形式。

1.3.2　褐煤元素组成

褐煤是变质程度较低的煤种，在很大程度上保留了成煤植物的结构。褐煤中有机质主要由碳、氢、氧、氮和硫等元素组成，其中碳、氢和氧的比例占褐煤中有机质的 95％以上。与烟煤和无烟煤相比，褐煤有机质的特点是氧含量高，绝大部分褐煤的氧含量高于 20％。高的氧含量会对褐煤的加工利用产生重要影响。如在燃烧时，褐煤中的氧不参与燃烧，降低了褐煤的热值；在液化反应中，褐煤中的氧会消耗大量的氢气，产生无用的水，不仅大大增加成本，也对产物的分离造成困难；在焦化过程中，褐煤中的氧会导致煤的黏结性降低。另外一方面，这一特性也使褐煤成为制取腐殖酸[14]和苯多酸[15]较好的原料。褐煤中的含氧官能团主要以醇羟基（C—OH）、酚羟基（Ar—OH）、羧基（—COOH）、羰基（>C=O）和醚键（C—O—C）的形式存在[16]，少部分氧以杂环如呋喃的形式存在。褐煤中含氧官能团含量测定常用的方法是化学滴定法。总羟基含量的测定采用乙酰化-水解法，以吡啶作为酰基化的溶剂。褐煤羧基含量的测定用碱土金属盐如乙酸钙与羧基反应，用碱溶液滴定生成的乙酸。$Ba(OH)_2$ 可与褐煤中的羧基和酚羟基反应，通过后续的滴定得到总酸性基团的含量，再减去所测得羧基的含量即得到酚羟基的含量。醇羟基的含量通过总羟基含量减去酚羟基含量得到。Aida 等[17]提出了一种测定煤中羟基（醇、酚和羧酸）的新方法。以吡啶为溶剂使煤中的羟基和硼氢化物反应生成氢气，通过测定生成氢气的量确定煤中羟基的含量。该方法操作简单且反应不可逆。褐煤中羰基和醚键含量的测定相对比较困难，因为它们相对羟基和羧基比较稳定。羰基含量测定，比较简单的方法是用过量苯肼溶液与煤反应，过量的苯肼溶液被菲林试剂氧化，测定 N_2 的含量计算出羰基的含量[7]。醚键含量的测定更加困难，褐煤中大部分甲氧基连接在苯环或者缩合芳环上，甲氧基含量的测定一般是先氧化，然后水解，再通过气相测定产生的甲醇。其他非甲氧基醚键的含量通常用总的氧含量减去其他可测的含氧官能团的含量获得。随着波谱分析技术的迅速发展，化学方法结合现代分析方法也用于煤中氧的测定。Allen 等[18]利用 ^{13}C 核磁共振（NMR）技术和乙酰化方法研究了不同含碳量煤中的脂肪性醚和芳醚,发现芳醚的含量远高于脂肪性醚,部分氧以呋喃形式存在。Murata 等[16]通过化学方法和^{13}C NMR 技术研究了褐煤中含氧官能团的分布。

氮是褐煤中唯一完全以有机态形式存在的元素,可能来源于动植物的脂肪和蛋白质等成分。当褐煤气化或作为燃料燃烧时,煤中的有机氮以 NO_x 和 N_2O 的形式释放出来,导致严重的环境污染,如酸雨、光化学烟雾、温室效应和破坏臭氧层。详细了解褐煤中有机氮的类型分布和分子结构对脱除褐煤中有机氮和了解褐煤结构起到重要的作用。许多非破坏性的现代分析手段,如NMRS、XPS 和 X 射线吸收近边结构(XANES)用于研究煤中有机氮的存在形式。利用这些手段获得的研究表明,煤中的有机氮主要以六元环吡啶、五元环吡咯、胺、四价氮和氮氧化物的形式存在。尽管如此,这些非破坏性分析方法提供的信息较少,不能从分子水平上提供煤中有机氮的分子结构信息。因此,同时利用非破坏性分析方法和破坏性化学方法结合质谱分析是详细了解煤中有机氮存在形式的有效方法,能够促进煤中有机氮的脱除。煤中的大部分硫是在煤早期成岩过程中从外界引入的。硫在煤中以无机硫和有机硫的形式存在。无机硫主要为硫化物硫和硫酸盐,其中硫化物硫主要为黄铁矿。有机硫主要以硫醇(R—SH)、硫醚(R—S—R')和噻吩等形式存在。XPS 和 XANES 等分析手段也同样用于研究煤中硫的存在形式。煤中大部分有机硫以化学键合的方式存在于煤的大分子网络骨架中,不通过化学方法破坏其化学键则难以被分离和分析。煤转化利用过程中,由硫产生的 SO_x 不仅腐蚀设备,而且容易引起中毒;产生的 SO_2 排入空气中形成酸雨,造成的环境污染问题不容忽视。因此,大量的研究致力于煤中硫的脱除以降低硫在煤转化利用过程中的危害[19]。

1.4　褐煤有机质的分离分析方法

1.4.1　温和条件下的溶剂萃取

温和条件下(通常<150 ℃)的溶剂萃取是研究褐煤中有机质组成的有效手段。由于不破坏褐煤中的共价键,通过萃取所得的可溶有机分子能够真实地反映褐煤中部分有机质的组成结构。同时,通过萃取的方法,有希望从褐煤中分离出高附加值化学品特别是含氧有机化学品。因此,大量的研究致力于褐煤及烟煤温和条件下的溶剂萃取。在溶剂萃取过程中,在不破坏煤中共价键的前提下选择合适的溶剂是关键。根据极性大小、介电常数和供电子能力的不同,诸多有机溶剂及其混合溶剂如二硫化碳(CS_2)、二氯甲烷、氯仿、四氢呋喃、烷烃、醇类、

胺类、酮类、苯及其同系物、N-甲基-2-吡咯烷酮(NMP)、吡啶、喹啉和四氢萘等用于褐煤的溶剂萃取[6]。在这些溶剂中吡啶、胺类、NMP 和四氢萘等溶剂的萃取率较高,且混合溶剂往往比单一溶剂萃取率高。所得萃取物通常用 FTIR、NMR、GC、GC/MS、高效液相色谱、高效液相色谱/质谱联用仪、XRD、热重分析仪(TGA)等现代分析仪器进行分析和表征。研究认为,影响煤溶剂萃取的物理因素主要是扩散效应和渗透效应。萃取是通过溶剂扩散渗透、交联键断裂、煤网络结构打开和有机质溶出的过程进行的。

不同于烟煤和次烟煤,褐煤有机质中含大量的含氧官能团(如羟基和羧基)和其他杂原子基团。因此,褐煤中的可溶有机分子通过与大分子网络骨架形成非共价键相互作用或自身的非共价键相互作用形成分子团簇,导致在温和条件下一般的溶剂对褐煤中有机质的萃取率都很低。这些非共价键相互作用包括范德瓦耳斯力、电荷转移力、缠绕作用、氢键缔合和相互作用等。根据 Iino 等的报道,即使采用萃取能力较强的 CS_2/NMP(体积比为 1:1)混合溶剂,褐煤的萃取率远低于烟煤[20]。他们发现 29 种烟煤在 CS_2/NMP 混合溶剂中的萃取率(质量分数)达到 30%～66%,而 5 种褐煤的萃取率(质量分数)则相对较低(6.4%～8.6%)。Takanohashi 等[21]用不同的单一溶解和混合溶剂萃取 Loy Yang 褐煤,结果发现在单一溶剂中 NMP 对 Loy Yang 褐煤的萃取率最高,达到 14.3%(质量分数),而混合溶剂中 NMP/甲醇(体积比为 8:2)混合溶剂的萃取效果最好(质量分数为 15.3%)。

分级萃取能在提高萃取率的同时实现煤中有机质族组分的分离[22]。除传统的索式萃取外,各种添加剂、辅助手段(超声振荡、微波辐射和紫外辐射)和化学预处理方法(酸碱处理、烷基化、酰基化、氧化和热处理等)[23-25]也用于提高褐煤及烟煤的萃取率。在各种辅助手段中超声振荡是最常用的方法。酸碱预处理能够促进褐煤中非共价键相互作用(如离子间相互作用)和部分弱共价键(如醚键)的断裂,从而提高褐煤在溶剂中的可溶性[23]。Sharma 和 Singh[24]发现 Neyveli 经过烷基化预处理(在液态石蜡中用碱处理)后,质量分数为 65%的有机质能够溶于喹啉中。Mae 等[25]研究了 H_2O_2 氧化预处理对褐煤在不同醇基二元溶剂中萃取效果的影响,结果发现经预处理的 Morwell 褐煤常温条件下在甲醇/1-甲基萘(1-MN)混合溶剂中的萃取率质量分数高达 84%。他们认为 H_2O_2 氧化能够断裂褐煤中的部分弱共价键同时引入大量含氧官能团,从而提高萃取率。Iino 等[26]发现 Beulah-Zap 褐煤在经水热处理(327 ℃)后萃取率质量分数从 5.5%提高到 21.7%。萃取率的提高可能归因于水热处理过程中含氧官能团的脱除和氢键的断裂。GC/MS 是检测褐煤萃取物中小分子组成的重要分析手段。褐煤萃取物中可检测的小分子化合物主要包括直链烷烃、支链烷烃、芳烃和杂原子化合物等。Yao

等[27]用 NaOH 溶液、正己烷、二氯甲烷、苯/乙醇混合溶剂和丙酮对胜利褐煤进行分级萃取并用 GC/MS 分析各萃取物的族组分。萃取物中的族组分主要包括正构烷烃、酚类、酮类、羧酸和酯类。分级萃取结合萃取物的后续柱层析分离和/或中压制备色谱分离是表征褐煤中生物标志物的重要手段[28-29]。

1.4.2 热溶

尽管大量的研究致力于煤温和条件下的萃取,筛选出了几十种用于煤萃取的溶剂,但绝大多数溶剂对褐煤的萃取率均很低。这主要是因为褐煤中可溶有机分子与大分子网络骨架形成了很强的分子间作用力。仅有那些游离的小分子或者分子间作用力较弱的分子能在常温下被萃取出来,只代表了褐煤组成结构的极小部分。这使得褐煤温和条件下的溶剂萃取只能用于理论研究,难以作为煤转化工艺实现工业化生产。在高温(特别是大于 300 ℃)条件下,褐煤的萃取率能够得到显著提高。用热溶的方法从煤中分离有机质是近 10 余年来日本致力于开发的重要洁净煤技术,代表性的工艺是产业技术综合研究所 Toshimasa Takanohashi 教授和京都大学的 Kouichi Miura 教授分别主持开发的"Hyper-Coal"(无灰煤)技术[30-32]和变温热溶技术[33-35]。用这些技术可以在不使用氢气和催化剂的情况下使煤中大部分有机质通过热态微滤与无机矿物质分离,得到的热溶物几乎不含灰分(通常小于 200×10^{-6})。这些技术主要用于褐煤和次烟煤等低阶煤,所用溶剂主要为高沸点的非极性溶剂。如表 1-1 所列,诸多研究致力于用不同的非极性溶剂考察褐煤的热溶行为,所用溶剂包括 NMP、四氢萘、1-MN、轻循环油(LCO)、粗甲基萘油(CMNO)和粗喹啉(CQ)等[36]。用于热溶的反应器主要包括流动式萃取器和间歇式反应釜。从表 1-1 可以看出,褐煤的热溶萃取率明显高于低温溶剂萃取,在 300～400 ℃条件下,不同类型褐煤在不同非极性溶剂中的萃取率(质量分数)分布在 7.1%～72.3%。即使在相同条件下使用相同溶剂,不同褐煤的萃取率明显不同,可能归因于褐煤中可溶组分的组成和有机质大分子网络结构的差异。

表 1-1 褐煤在非极性和高沸点溶剂中的热溶萃取率[36]

褐煤	碳含量(daf)/%	溶剂	温度/℃	萃取率(质量分数,daf)/%
Morwell	67.1	四氢萘	325	20.0
Beulah-Zap	72.9	四氢萘	350	30.0
Beulah-Zap	71.6	1-甲基萘	360	28.8
Beulah-Zap	71.6	N-甲基-2-吡咯烷酮	360	30.5
Banko 97	70.0	1-甲基萘	360	30.6

表 1-1(续)

褐煤	碳含量(daf)/%	溶剂	温度/℃	萃取率(质量分数,daf)/%
Banko 97	70.0	N-甲基-2-吡咯烷酮	360	72.3
Beulah-Zap	72.9	粗甲基萘油	360	29.4
Beulah-Zap	72.9	粗喹啉	360	30.4
8 lignites	66.2~72.9	粗甲基萘油	360	29.4~61.0
8 lignites	66.2~72.9	轻循环油	360	31.0~45.0
Loy Yang	66.9	四氢萘	150~350[a]	54.0
Mulia	65.5	1-甲基萘	300~420	18.0~46.7
Loy Yang	66.9	四氢萘	150~350[a]	56.8
Loy Yang	66.9	1-甲基萘	150~350[a]	45.3
Xianfeng	63.07	四氢萘	300	21.3
7 lignites	66.4~72.9	1-甲基萘	350	21.8~40.7
Mequinenza	59.8	轻循环油	360	61.8
Xianfeng	63.1	1-甲基萘	320	17.1
Loy Yang	66.7	1-甲基萘	350	35.0

注:[a] 表示从 150~300 ℃对一种煤用同一溶剂进行逐级热溶。

除了强非共价键相互作用(特别是包含含氧官能团和其他杂原子官能团的氢键)外,离子间相互作用如羧基与金属离子之间的盐桥键和 π-阳离子相互作用同样在褐煤形成交联和聚合结构中起到重要的作用。在高温热溶过程中这些相互作用力的释放导致褐煤中更多有机质变得可溶。此外,热溶过程中非极性溶剂的芳环与褐煤中的含芳环结构的分子形成 π-π 相互作用,也能促进褐煤有机质溶于溶剂中。研究表明当热溶温度低于 350 ℃时,煤中的共价键几乎不发生断裂,但大分子网络结构会变得松散从而释放被束缚的有机化合物[32-33]。Shi 等[37]用 TGA 研究了不同煤的热解行为,结果表明煤中部分 C_{al}—O 键在 350 ℃ 附近会发生断裂。由于其高含氧量,褐煤中应含大量的 C_{al}—O 键。因此,C_{al}—O键的断裂在褐煤热溶过程中有机质的释放也可能起到一定的作用。

与温和条件下溶剂萃取相似,化学预处理方法如 H_2O_2 氧化和酸处理也能够促进通过热溶从褐煤中分离出更多的有机质。促进的原因可能有两个方面:一是化学预处理可以显著地破坏褐煤中氢键、芳环 π-π 相互作用和 π-阳离子相互作用等非共价键相互作用;二是褐煤中部分共价键如弱 C_{al}—O 键和盐桥键在预处理过程中能够发生断裂,从而导致部分大分子网络结构发生解聚生成相对较小和可溶的有机分子。Miura 等[34]用四氢萘和 1-MN 作为溶剂在 200～

400 ℃下对一种澳大利亚褐煤进行了热溶试验,发现 Morwell 褐煤经 H_2O_2 预处理后在四氢萘的热溶萃取率从 20％提高到 65％。Li 等[38-39] 研究了不同酸(如碳酸、醋酸、盐酸和甲氧基乙氧基醋酸)处理对褐煤和烟煤在非极性溶剂中热溶的影响。结果表明经酸处理的煤的萃取率明显高于原煤,其中盐酸处理的效果最为明显。此外,酸处理的煤在 NMP 中的萃取率显著高于在1-MN 中的萃取率。研究认为酸处理能够破坏金属阳离子和羧基之间的离子交联键,将羧酸盐转化为羧基,从而除去大部分 Ca^{2+} 和 Mg^{2+} 并相应地增加煤中的羧基含量,产生的羧基之间会形成新的氢键。NMP 能够有效破坏这部分氢键,释放的羧基能与 NMP 中的 C＝O 之间形成新的氢键,从而提高酸处理的煤在 NMP 中的萃取率。

这些用非极性溶剂的热溶工艺的优点在于对褐煤等低阶煤的萃取率很高,所得 HyperCoal 几乎不含灰分,可直接用于燃气轮机燃料或者作为制备高性能碳材料的前驱原料。此外,所得热溶物具有作为高性能焦炭增强剂以及气化和加氢液化原料的潜能。但使用诸如四氢萘和 1-MN 等高沸点、高黏性和较昂贵的溶剂及热态微过滤过程中不锈钢微孔滤板堵塞等问题使这些技术的产业化应用受到限制。此外,对用这些技术所得热溶物的组成结构表征至今仍然局限于诸如工业分析、元素分析、FTIR 分析、固体[13]C NMRS 分析、热分析和激光解吸飞行时间质谱(MALDI-TOFMS)分析等无分离分析的水平上,而通过无分离分析无法从分子水平上了解热溶物由哪些有机化合物组成。为了克服这些缺点,应该考虑用更廉价、低沸点和低黏性的溶剂代替以上热溶工艺所用的溶剂。此外,今后的热溶工艺应当更加关注于利用更先进的分离分析方法表征热溶物中有机化合物的组成结构,有利于更好地了解热溶机理和促进热溶工艺的产业化,实现褐煤热溶的高附加值利用。苯、甲苯和环己烷等低沸点溶剂也用于煤的热溶。它们化学性质较为稳定,在热溶过程中不会和褐煤发生反应,但褐煤在这些溶剂中的热溶萃取率较低(通常＜10％)。低碳烷醇如甲醇和乙醇由于其廉价、沸点低且容易回收,近年来作为溶剂在超临界条件下对褐煤进行热溶的研究也受到了关注[40-42]。

1.4.3　离子液体萃取

温和条件下的溶剂萃取和热溶常用的有机溶剂通常易挥发、易燃和有一定的毒性,在回收的过程中难免会有部分溶剂释放到环境中而造成环境污染。作为一种环境友好的溶剂,近年来离子液体作为一种新的绿色溶剂在许多化学反应和工艺过程中受到关注。离子液体完全由离子组成,具有低熔点、几乎可忽略的蒸汽压、强热稳定性和不燃性等特点,使其在绿色和可持续化学中有很大的应用前景。离子液体具有很强的溶解能力,能够溶解很多有机材料,包括糖类、纤维素、高分子聚合物和油砂等。近年来,离子液体作为一种绿色溶剂也用于煤和煤液化残渣的萃取[36]。合成的一系列离子液体用于从煤液化残渣中萃取沥青质。所得沥青质含碳量高,H/C 和灰分低,可作为制备高性能碳材料的前驱体。

自从 2010 年 Painter 等[43]用离子液体溶解三种美国煤,离子液体作为溶剂从煤中萃取有机质的研究受到越来越多的关注。如表 1-2 所列,一系列含不同阳离子和阴离子结构的离子液体用于褐煤到高阶烟煤的萃取。这些离子液体的阳离子包括[BMIC]+、[Pyridinium]+、[DMA]+ 和[EMI]+,其中[BMIC]+ 是使用最多的阳离子结构。不同煤在不同离子液体中的萃取率(质量分数)为7%～93%。相比传统有机溶剂,离子液体能更有效地将有机质从煤中萃取出来[36]。

表 1-2　煤在离子液体中的萃取

离子液体	符号	萃取率 (质量分数)/%	文献
1-Butyl-3-methyl-imidazolium chloride	BMIC	10～82	[43-47]
1-Butyl-3-methyl-imidazolium trifluoromethanesulfonate	BMIFMS	20～47	[43]
1-Butyl-3-methylidazolium tetrafluoroborate	BMITFB	44	[44-45]
1-Butyl-3-methyl-imidazolium bromide	BMIB	51	[44]
1-Methyl-3-butyl-imidazolium hydroxide	BBIH	51	[44]
1-Butyl-3-methyl-imidazolium dihydrogen phosphate	BMIDHP	52	[44]
1-Butyl-3-methyl-imidazolium bromate	BMIB′	29	[44]
1-Butyl-3-methyl-imidazolium hexafluorophosphate	BMIHFP	7	[44]
Pyridinium tetrafluoroborate	PTFB	44	[44]
N,N-Dimethylammonium N',N'-dimethylcarbamate	DMADMC	10～63	[48]
1-Ethyl-3-methyl-imidazolium acetate	EMIA	31～93	[49]

Lei 等[44-47]考察了不同褐煤在不同离子液体中的萃取效果。他们发现先锋褐煤在 BMIC 中萃取率随温度和褐煤/BMIC 比的增加而增加,在 200 ℃ 和褐煤/BMIC 为 1/20 时萃取率(质量分数)达到最高的 80%[46]。随后,他们以不同类型离子液体作为溶剂在 200 ℃ 下萃取先锋褐煤[44]。结果表明 BMI-基离子液体中阴离子对先锋褐煤的萃取率和萃取物的化学结构有显著的影响。先锋褐煤在不同阴离子 BMI-基离子液体中的萃取率按 BMIC＞BMIDHP＞BMIB≈BBIH＞BMITFB＞BMIB′＞BMIHFP 顺序依次降低,其中在 BMIC 中的萃取率

（质量分数）高达 80%。尽管如此，先锋褐煤在 BMITFB 和 PTFB 中的萃取率几乎相同，表明离子液体中阳离子对褐煤溶解起到主要的作用。FTIR 分析表明离子液体在萃取过程中能够有效破坏褐煤中的氢键，而 BMIC 几乎能够完全破坏褐煤中的氢键导致较高的萃取率[44-45]。

不同煤阶的煤在离子液体中的萃取率不同。Lei 等[47]考察了一系列不同煤阶的煤在 BMIC 中的萃取，结果发现萃取率按褐煤＞烟煤＞无烟煤的顺序降低。萃取率随煤中氧含量的增加和碳含量的降低而增加。对于三种褐煤，在 BMIC 中的萃取率按锡林郭勒褐煤＜胜利褐煤＜先锋褐煤的顺序增加，基本与褐煤中羧基的含量成反比。用 EMIA 作为溶剂萃取这三种褐煤也得到相似的结果[49]。先锋褐煤 200 ℃下在 EMIA 中的萃取率（质量分数）高达 90%，高于在 BMIC 中的萃取率。以离子液体作为一种绿色溶剂通过萃取和其他手段从褐煤中分离清洁燃料、高附加值化学品和碳材料的原材料有待于进一步开发。

1.4.4 温和氧化解聚

即使在热溶过程中通过提高温度、加入添加剂或预处理等手段能提高褐煤热溶物的收率，但是褐煤中仍有大于 30% 的有机质难以通过常温萃取和热溶被萃取出来。这部分有机质主要为含缩合芳环结构的大分子网络结构。此外，所得萃取物含有部分有机大分子化合物难以通过 GC/MS 等分析手段进行鉴定。温和条件下的氧化解聚也是研究褐煤有机质组成结构的一种重要手段，且能通过氧化从褐煤中获取高附加值含氧有机化学品如小分子脂肪酸和苯多酸。脂肪酸和苯多酸是重要的工业化学品，广泛地用于许多领域中。通过温和条件下的氧化可以使褐煤中的有机质转化为有机小分子化合物，再由小分子化合物反推褐煤中有机质的组成结构。根据氧化剂和氧化方法的不同，国内外文献报道的褐煤氧化解聚的方法主要包括碱/O_2 氧化、NaOCl 水溶液氧化、H_2O_2 水溶液氧化和钌离子催化氧化（RICO）等[36,50]。

1. 碱/O_2 氧化法

碱/O_2 氧化法常用的碱性溶液有 Na_2CO_3、NaOH、K_2CO_3 和 KOH 等，而选用的氧化剂为来源丰富和廉价易得的空气或 O_2。Hayashi 等[51]研究了四种低阶煤 20~85 ℃下在 O_2/Na_2CO_3 体系中的氧化反应，发现 O_2 氧化处理能显著提高煤的萃取率。氧化可以在煤中引入羧基、酚羟基和醇羟基等含氧官能团，导致萃取率提高，同时破坏煤中部分脂肪 C—H 键和醚键，生成草酸、甲酸、乙酸和丙二酸等水溶性脂肪酸。Hayashi 等[52]进一步研究了 Morwell 褐煤 85 ℃下在 O_2/Na_2CO_3 中的氧化，推测反应机理为通过氧化可以在连接亚甲基桥键或醚桥键邻近的芳环周围引入羧基，而另一个芳环则发生裂解生成小分子脂肪酸和 CO_2。

Wang 等[15,53-54]考察了高温高压条件下褐煤在间歇式反应器中的 NaOH/O_2 氧化反应,结果表明在优化条件下褐煤氧化生成的苯羧酸收率达 18.4%~21.5%,同时生成 23.2%~39.8%的脂肪酸。苯羧酸以苯四甲酸和苯五甲酸为主,而脂肪酸包括草酸、甲酸、乙酸、琥珀酸和丙二酸等。通过模型化合物的氧化反应发现脂肪酸主要是由褐煤中脂肪族结构的氧化和苯环开环反应产生的,而苯羧酸则是由于褐煤中的缩合芳环、桥键和连接在芳环结构上外围官能团的氧化产生的。他们还研究发现在使苯羧酸收率达到最高的条件下,提高反应温度可以缩短反应时间和减少碱的用量;褐煤在反应温度为 300 ℃和碱煤比为 0.8:1 的条件下反应 1 min 时,苯羧酸的总收率达到 20.4%。

2. NaOCl 水溶液氧化法

NaOCl 水溶液作为一种廉价、易得、高效、环境友好和可电化学回收的氧化剂用于煤氧化解聚也受到了人们的关注。Chakrabartty 等[55]首次考察了煤及其模型化合物在 NaOCl 水溶液中的氧化以研究煤的组成结构,认为 NaOCl 只进攻煤中的脂肪碳(sp^3 碳),而不进攻芳环碳(sp^2 碳),由此可以识别煤中的 sp^3 碳原子和 sp^2 芳碳原子。这是基于煤的氧化产物只有 CO_2、脂肪酸和苯羧酸类化合物而未检测到缩合芳环推断的,由此推测煤主要由单个芳环结构和脂肪链结构组成,并不含缩合芳环结构。随后,Mayo 等[56]推翻了 Chakrabartty 等提出的理论,发现 NaOCl 水溶液对 2-萘酚和 2-萘甲酸具有很好的反应活性,生成苯羧酸。因此,他们认为 Chakrabartty 的煤结构理论的缺陷在于忽略了煤中羟基等官能团取代的芳环结构,而这些结构易于被 NaOCl 氧化。在此基础上,Mayo 等[57]用 NaOCl 水溶液在 30 ℃条件下氧化 Illinois No. 6 煤及其吡啶不溶物,结果表明主要生成分子量超过 1 000 的黑色酸和分子量介于 300~400 的无色水溶性酸,推测 NaOCl 优先进攻煤中的缩合芳环结构。

作者所在实验室前期考察了神府次烟煤的 NaOCl 氧化,利用 GC/MS 对氧化产物进行了详细分析,结果发现 NaOCl 氧化产物主要为苯羧酸、短链氯代烷酸和烷烃[58]。随后,采用类似的方法研究了霍林郭勒褐煤在 NaOCl 水溶液中的氧化,发现氯代物、脂肪酸和苯羧酸是褐煤 NaOCl 氧化的主要产物,采用极性不同的溶剂进行分级萃取可以初步实现产物的族组分分离。虽然 NaOCl 水溶液对褐煤具有较好的反应活性,主要产物为脂肪酸和苯羧酸类化合物,但同时生成较多氯取代副产物,这给高附加值化学品如苯羧酸的有效分离和从反应产物推测褐煤结构带来了挑战。

3. H_2O_2 水溶液氧化法

20 世纪 90 年代,日本学者用 H_2O_2 水溶液作为氧化剂在低于 80 ℃下对褐煤进行氧化,以制备小分子脂肪酸。Miura 等[59]在温和条件下用 30% H_2O_2 水溶液氧化低阶煤,高收率和高选择性地产生蚁酸、乙酸、羟基乙酸和丙二酸等小分子脂肪酸,并根据氧化产物推测了反应机理,他们认为 H_2O_2 首先破坏煤中的弱共价键如醚键(C—O—C)等生成大分子水溶性化合物,随着反应的进行进一步氧化生成小分子脂肪酸,同时部分芳环结构也发生断裂生成小分子脂肪酸。Mae 等[60]研究了澳大利亚 Morwell 褐煤于 60 ℃下在 H_2O_2 水溶液中的氧化反应,结果表明水溶性有机化合物的收率达到 0.60 kg/kg,其中草酸和乙酸等小分子脂肪酸的收率为 0.28 kg/kg;进一步采用 Fenton 试剂处理水溶性有机化合物,可使小分子化合物的收率提高到 0.5 kg/kg,其中草酸的收率增加最为显著,而通过超临界水解处理可得到 0.12 kg/kg 的苯和 0.24 kg/kg 的甲醇。

Liu 等[61]在龙口褐煤的 H_2O_2 氧化产物中检测到了 7 种含氯化合物,推测了煤中氯元素的分布。Pan 等[62]对先锋褐煤的热溶残渣在 H_2O_2 水溶液中进行氧化解聚反应,发现氧化所得丙二酸和琥珀酸的收率远高于其他产物的收率,推测先锋褐煤中易被 H_2O_2 氧化的有机质存在 $ArCH_2Ar'$ 和 $ArCH_2CH_2Ar'$ 的结构(Ar 和 Ar′表示含取代基的芳环)。其反应机理如图 1-3 所示,说明—CH_2—和—CH_2CH_2—是褐煤有机质中连接芳环的重要的桥键。Liu 等[63]研究了小龙潭褐煤在 H_2O_2—乙酸酐体系中氧化解聚反应并优化反应条件,结果也揭示—CH_2—和—CH_2CH_2—这两种桥键的存在。Doskocil 等[64]利用 3% 的 H_2O_2 氧化 South Moravian 褐煤,同样发现这种褐煤中连接芳环的桥键主要以—CH_2—和—CH_2CH_2—形式存在。

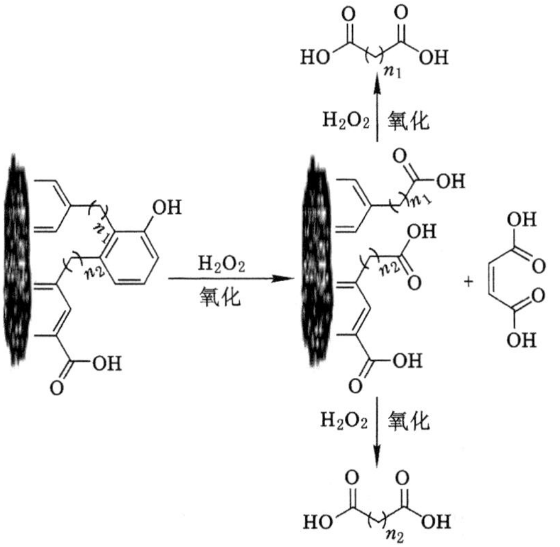

图 1-3　先锋褐煤热溶残渣氧化解聚的可能机理[62]

4. 钌离子催化氧化法

深入了解褐煤大分子网络骨架中连接芳环结构的亚甲基桥链、烷基侧链以及缩合芳环结构的组成和分布是理解褐煤分子结构的关键,也是褐煤高效转化的基础。RuO_4 是一种高效的选择性氧化剂,它能够选择性地将芳碳氧化为 —COOH 或 CO_2,醇则可以被氧化生成相应的酮或羧酸,而醚则氧化成酯,并且脂肪族部分不发生变化。由于 RuO_4 价格昂贵,研究者开发了以三氯化钌为前驱体,$NaIO_4$ 为共氧化剂的钌离子催化氧化(RICO)方法,其典型反应历程如图 1-4 所示。自从 RICO 被 Stock 等[65]首次引入煤化学领域,RICO 方法便广泛地用于研究煤结构。通过煤和相关模型化合物 RICO 生成的烷酸、烷二酸和苯羧酸的分布推测煤中芳环结构、烷基侧链和亚甲基桥键的含量和分布情况,从而揭示煤中大分子网络骨架结构的芳环结构特征。

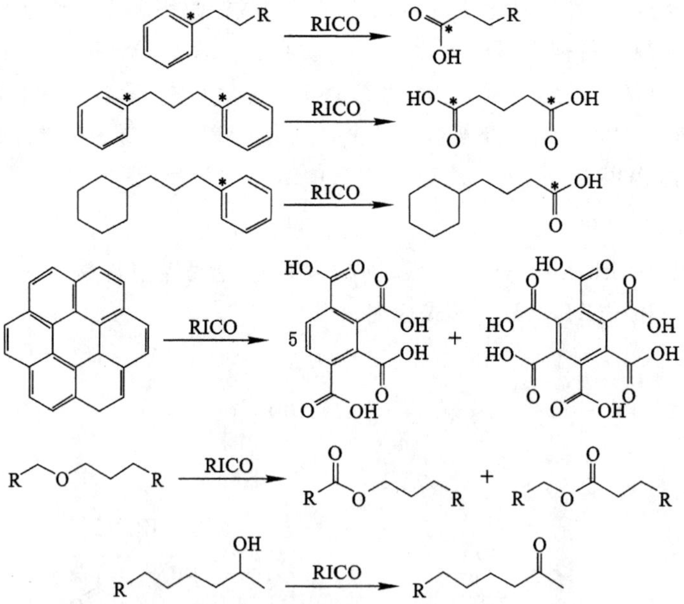

图 1-4　RICO 的典型反应历程

Murata 等[66]利用 FD/MS 和 ^{13}C NMRS 分析了四种煤的 RICO 产物,根据氧化所得羧酸的分布推测褐煤和烟煤的结构特征差异。结果表明褐煤氧化产物主要为烷二元酸和带长链烷基侧链的苯羧酸,而烟煤氧化产物则以非取代的苯羧酸为主,只含少量烷二元酸,推测褐煤有机质主要由含大量烷基侧链和亚甲基桥键的缩合芳环结构组成,而烟煤中的缩合芳环结构含较少烷基侧链和亚甲基桥键,且缩合程度较高。随后他们利用 RICO 结合固体 ^{13}C NMRS 分析,定量分析了褐煤中芳环上烷基侧链和连接芳环的桥键的含量,认为褐煤中缩合芳环上的烷基侧链和桥键的碳数以 1～2 个为主,褐煤中长链烷基侧链和桥键含量多于烟煤[67]。

实验室前期也利用 RICO 对褐煤有机质组成结构进行了研究。研究了两种褐煤醇解残渣的 RICO 反应,利用 GC/MS 分析氧化所得羧酸以推测残渣的缩合芳环结构,结果发现两种残渣中芳环结构上的烷基侧链碳数分布均为 C_9～C_{24},而亚甲基桥键碳数分布为 C_2～C_{20} 且以短链桥键为主[68]。随后,利用 GC/MS 和大气压固体分析探针/飞行时间质谱(ASAP/TOF-MS)分析了霍林郭勒褐煤的 RICO 产物,结果表明霍林郭勒褐煤中高度缩合芳环结构含量不多,含联苯和苯基萘芳环结构,连接芳环结构的亚甲基桥键主要为—CH_2CH_2—和—$CH_2CH_2CH_2$—[69]。

1.5 褐煤醇解研究进展

和传统转化工艺的苛刻反应条件相比,褐煤醇解可以在较低的反应温度和压力条件下进行,操作较为简单,能耗较低。褐煤醇解是指以低碳烷醇作为溶剂在超临界状态下使褐煤发生解聚反应。褐煤有机质中含有丰富的氧桥键,在超临界状态下,醇类可以作为亲核试剂进攻褐煤中的含氧桥键,使褐煤中的有机质转变为可溶的有机小分子化合物。通过较温和条件下的醇解可以从褐煤获取高附加值的含氧有机化学品,是褐煤非燃料利用的一种有效途径,可望实现褐煤的定向解聚和高附加值利用。

1.5.1 非催化醇解

低碳烷醇类如甲醇、乙醇和异丙醇等常作为褐煤超临界醇解的溶剂。在超临界状态下,这些溶剂有供氢能力和烷基化能力,同时能一定程度破坏褐煤中的弱共价键(如含氧桥键),提高褐煤在这些溶剂中的可溶性,也有利于褐煤组成结构的研究。Chen 等[70]发现利用醇类在不同超临界条件下萃取煤,可以选择性地除去煤网络结构中的硫,用 KOH 水溶液预处理煤可以促进脱硫作用。Shishido 等[71]认为乙醇-甲苯混合溶剂对煤具有良好的超临界萃取效果,是因为乙醇分子或者由乙醇产生的活泼自由基可以进攻煤结构,发生加氢或吸氢作用,使煤的分子结构发生改变。乙醇-甲苯混合溶剂对煤的萃取率随乙醇比例的增加呈现先增高再降低的趋势。Kuznetsov 等[72]用甲醇、乙醇、异丙醇和四氢萘作为溶剂研究了褐煤的液化反应,结果表明四氢萘和醇类对褐煤液化有协同作用。Dariva 等[73]研究了巴西一种高灰煤在乙醇和异丙醇中的超临界萃取,发现萃取物收率随反应温度和压力的升高而增加,且醇/水混合溶剂对煤的萃取率低于仅用乙醇或异丙醇的收率。

以上研究对醇类溶剂在醇解过程中的反应机理认识还不明确,对醇解产物的化学组成结构也未进行深入的研究。作者所在实验室对褐煤醇解进行了深入的研究。夏同成等[74]研究了锡林浩特褐煤的超临界甲醇解反应,结果发现310 ℃下醇解所得可溶物收率达 39.5%,可溶物 GC/MS 可检测成分主要由酚类、芳烃、酯类和正构烷烃等化合物组成。Chen 等[42]利用 GC/MS 分析锡林浩特褐煤和霍林郭勒褐煤 310 ℃下甲醇解所得可溶物的化学组成,发现两种褐煤醇解可溶物的组成存在明显差异。锡林浩特褐煤醇解得到的酚类、酮类和醇类含量明显高于霍林郭勒褐煤,而后者醇解得到的酯类、烷烃和芳烃的含量则显著高于前者,推测两种褐煤的网络骨架存在明显差异。Lu 等[75]研究了 200~330 ℃范围内霍林郭勒褐煤分别在甲醇和乙醇中的逐级热溶,认为甲醇和乙醇对褐煤发生醇解反应的初始温度分别为 270 ℃和 240 ℃。低温阶段基本不涉及共价键的断裂且甲醇的溶解度参数大于乙醇的溶解度参数,因而甲醇可溶物的收率较高。对醇解可溶物的组成分析表明高温阶段溶剂通过进攻含氧桥键中与氧相连的碳原子而使桥键断裂,即发生了醇解反应,乙醇较大的亲核性是所得乙醇可溶物收率较高的主要原因,推测霍林郭勒褐煤醇解的可能反应历程,如图1-5 所示。

1.5.2 碱催化醇解

20 世纪 70 年代末期到 20 世纪 80 年代初期,研究者们发现以低碳烷醇作为溶剂的低温液化(醇解)过程中,无机碱类化合物如 KOH、NaOH 和异丙醇钾等作为催化剂能够有效促进醇解反应[76-79],低碳烷醇起到供氢作用,经醇/碱体系处理后的煤几乎全溶于吡啶。对所得可溶物进行分析,推测强碱可以提高醇类的供氢能力,能够有效促进煤大分子网络结果中醚键和酯键的断裂。Makabe和 Ouchi 等[76-79]考察了反应温度、压力、醇的种类、碱的种类和煤种等因素对碱催化醇解反应的影响,并通过对醇解所得可溶物的组成分析推测醇解反应机理,进而推断煤的结构特征。他们的研究结果表明:在 200~400 ℃的反应温度范围内,醇解所得吡啶和乙醇可溶物的收率随反应温度和压力的升高而增加,氢气氛围下的可溶物收率高于氮气氛围下的收率;以甲醇、乙醇、正丙醇、异丙醇、正丁醇、仲丁醇、叔丁醇、正戊醇和二甲基丁醇等醇类作为溶剂,醇解所得吡啶可溶物的收率均高于 80%,其中以甲醇、乙醇、异丙醇和仲丁醇作为溶剂时吡啶可溶物

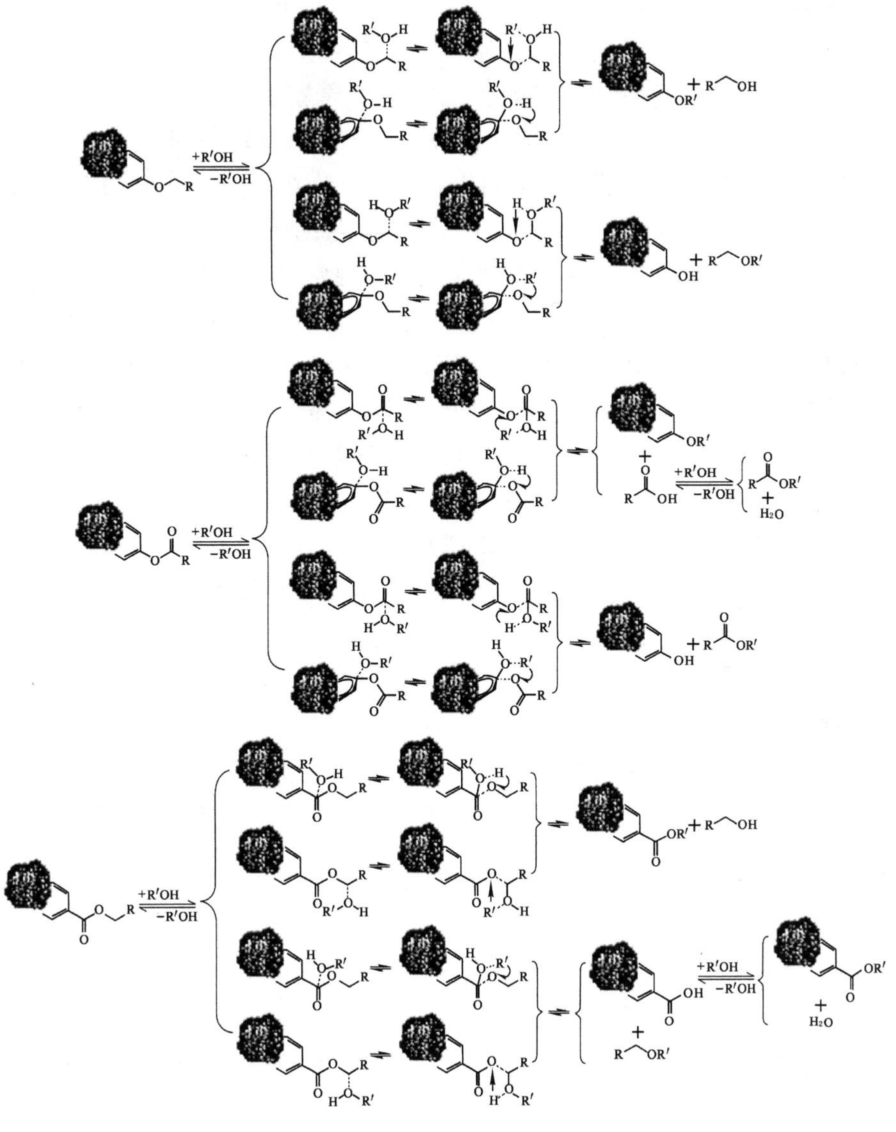

图 1-5　霍林郭勒褐煤醇解的可能反应历程[75]

R 为烷基或芳基，R′为甲基或乙基

的收率可达到 95％以上；醇解可溶物的收率随煤变质程度的增加而降低；元素分析发现所得可溶物的 H/C 值都比原煤的 H/C 值高，结合 FTIR 分析表明碱催化醇解过程中发生醚键断裂和部分芳环加氢的反应。

Boudou 等[80]和 Bimer 等[81]考察了烷基化和氧化等化学预处理方法对煤 NaOH/甲醇解反应的影响。随后,他们研究了 NaOH/甲醇解作为预处理手段对煤热解生成焦油和热解气的影响。Lei 等[82-83]考察了反应温度、反应时间、甲醇用量和 NaOH/褐煤质量比对胜利褐煤 NaOH/甲醇解可溶物收率的影响,发现当甲醇用量和 NaOH/褐煤比分别为 10 mL 和 1,在 300 ℃时反应 1 h,所得可溶物的收率最高;NaOH/褐煤质量比对可溶物收率影响最大。除上述固体碱外,CaO 也作为一种固体碱催化剂用于褐煤的醇解反应[84-86]。从机理上考虑,CaO 可能因其碱性在一定程度上削弱了醇羟基的 O—H 键,增大了醇的亲核性,有利于其进攻褐煤结构中醚桥键,因而能显著增加醇解可溶物的收率。虽然 NaOH 等无机碱可以有效地促进褐煤醇解反应,提高可溶物收率,但也存在催化剂难以回收且易腐蚀设备等缺点。此外,对醇解可溶物的化学组成,特别其中含氧化合物的组成结构也有待进一步深入研究。彭耀丽[84]也初步探索了负载型固体碱催化剂如 KF/r-Al$_2$O$_3$、K$_2$CO$_3$/r-Al$_2$O$_3$ 和 K$_2$CO$_3$/r-Al$_2$O$_3$-NaOH 等作用下的褐煤醇解反应,但其效果不如 CaO,用于褐煤醇解的负载型固体碱催化剂有待深入研究。

本章参考文献

[1] 高卫东,姜巍.中国煤炭资源供应格局演变及流动路径分析[J].地域研究与开发,2012,31(2):9-14.

[2] SCHOBERT H H,SONG C.Chemicals and materials from coal in the 21st century[J].Fuel,2002,81 (1):15-32.

[3] IINO M.Network structure of coals and association behavior of coal-derived materials[J].Fuel Processing Technology,2000,62(2):89-101.

[4] MARZEC A.Towards an understanding of the coal structure:a review[J].Fuel Processing Technology,2002,77:25-32.

[5] MATHEWS J P,CHAFFEE A L.The molecular representations of coal—a review[J].Fuel,2012,96:1-14.

[6] ZUBKOVA V.Chromatographic methods and techniques used in studies of coals,their progenitors and coal-derived materials[J].Analytical and Bioanalytical Chemistry,2011,399 (9):3193-3209.

[7] 谢克昌.煤的结构与反应性[M].北京:科学出版社,2002.

[8] HIRSCH P B.X-ray scattering from coals[J].Proceedings of the Royal Society of London.

Series A.Mathematical and Physical Sciences,1954,226:143-169.

[9] HAENEL M W.Recent progress in coal structure research[J].Fuel,1992,71 (11): 1211-1223.

[10] NISHIOKA M.The associated molecular nature of bituminous coal[J].Fuel,1992,71 (8):941-948.

[11] 秦志宏.煤有机质溶出行为与煤嵌布结构模型[M].徐州:中国矿业大学出版社,2008.

[12] NIEKERK D V,MATHEWS J P.Molecular representations of Permian-aged vitrinite-rich and inertinite-rich South African coals[J].Fuel,2010,89 (1):73-82.

[13] WENDER I.Catalytic synthesis of chemicals from coal[J].Catalysis Reviews-Science and Engineering,1976,14 (1):97-129.

[14] 郑平.煤炭腐植酸的生产和应用[M].北京:化学工业出版社,1991.

[15] WANG W,HOU Y,WU W,et al.High-temperature alkali-oxygen oxidation of lignite to produce benzene polycarboxylic acids [J]. Industrial and Engineering Chemistry Research,2012,52 (2):680-685.

[16] MURATA S,HOSOKAWA M,KIDENA K,et al.Analysis of oxygen-functional groups in brown coals[J].Fuel Processing Technology,2000,67 (3):231-243.

[17] AIDA T,TSUTSUMI Y,YOSHINAGA T.Reliable chemical determination of oxygen-containing fuctionalities in coal and coal products.Carboxylic acid and phenolic hydroxyl functionalities[J]. Preprints of Papers, American Chemical Society, Division of Fuel Chemistry,1996,41 (2):744-746.

[18] ALLEN D T,GAVALAS C R.Reactions of methylene and ether bridges[J].Fuel,1984, 63 (5):586-592.

[19] KAWATRA S K,EISELE T C.Coal desulfurization:high-efficiency preparation methods [M].[s.l.]:Taylor and Francis,2001.

[20] IINO M,TAKANOHASHI T,OHSUGA H,et al. Extraction of coals with CS_2-N-methyl-2-pyrrolidinone mixed solvent at room temperature:effect of coal rank and synergism of the mixed solvent[J].Fuel,1988,67 (12):1639-1647.

[21] TAKANOHASHI T,YANAGIDA T,IINO M,et al. Extraction and swelling of low-rank coals with various solvents at room temperature[J].Energy and Fuels,1996,10 (5):1128-1132.

[22] 刘长城,陈红,孙元宝,等.煤的分级萃取与组成[J].吉林大学学报:理学版,2004,42(3): 442-446.

[23] ÖNAL Y,CEYLAN K.Low temperature extractability and solvent swelling of Turkish lignites[J].Fuel Processing Technology,1997,53 (1-2):81-97.

[24] SHARMA DK,SINGH S K.Extraction of coals through alkaline degradation at plastic

state under ambient pressure conditions[J].Fuel Processing Technology,1995,43 (2):
147-156.

[25] MAE K,MAKI T,ARAKI J,et al. Extraction of low-rank coals oxidized with hydrogen
peroxide in conventionally used solvents at room temperature[J]. Energy and Fuels,
1997,11 (4):825-831.

[26] IINO M,TAKANOHASHI T,SHISHIDO T,et al. Increase in extraction yields of coals
by water treatment:Beulah-Zap lignite[J].Energy and Fuels,2007,21 (1):205-208.

[27] YAO J H,WEI X Y,XIAO L,et al. Fractional extraction and biodepolymerization of
Shengli lignite[J].Energy and Fuels,2015,29 (3):2014-2021.

[28] ŽIVOTIĆ D,BECHTEL A,SACHSENHOFER R,et al. Petrological and organic geo-
chemical properties of lignite from the Kolubara and Kostolac basins,Serbia:implication
on grindability index[J].International Journal of Coal Geology,2014,131:344-362.

[29] CONG X S,ZONG Z M,WEI Z H,et al. Enrichment and identification of arylhopanes
from Shengli lignite [J].Energy and Fuels,2014,28 (11):6745-6748.

[30] YOSHIDA T,TAKANOHASHI T,SAKANISHI K,et al. The effect of extraction con-
dition on 'HyperCoal' production (1)-under room-temperature filtration[J].Fuel,2002,
81 (11-12):1463-1469.

[31] YOSHIDA T,LI C,TAKANOHASHI T,et al. Effect of extraction condition on "Hy-
perCoal" production (2)-effect of polar solvents under hot filtration[J].Fuel Processing
Technology,2004,86 (1):61-72.

[32] TAKANOHASHI T,SHISHIDO T,KAWASHIMA H,et al. Characterisation of Hy-
perCoals from coals of various ranks[J].Fuel,2008,87 (4-5):592-598.

[33] RYUICHI A,KYOSUKE N,MASAYUKI O,et al. Fractionation of coal by use of high
temperature solvent extraction technique and characterization of the fractions[J].Fuel,
2008,87 (4-5):576-582.

[34] MIURA K,SHIMADA M,MAE K,et al. Extraction of coal below 350 ℃ in flowing
non-polar solvent[J].Fuel,2001,80 (11):1573-1582.

[35] ASHIDA R,MORIMOTO M,MAKINO Y,et al. Fractionation of brown coal by sequen-
tial high temperature solvent extraction[J].Fuel,2009,88 (8):1485-1490.

[36] LIU F J,WEI X Y,FAN M H,et al. Separation and structural characterization of the
low-carbon-footprint high-value products from lignites through mild degradation: a
review[J].Applied Energy,2016,170:415-436.

[37] SHI L,LIU Q,GUO X,et al. Pyrolysis behavior and bonding information of coal—a
TGA study [J].Fuel Processing Technology,2013,108:125-132.

[38] LI C,TAKANOHASHI T,SAITO I,et al. Elucidation of mechanisms involved in acid

pretreatment and thermal extraction during ashless coal production[J]. Energy and Fuels,2004,18 (1):97-101.

[39] LI C,TAKANOHASHI T,YOSHIDA T,et al. Effect of acid treatment on thermal extraction yield in ashless coal production[J].Fuel,2004,83 (6):727-732.

[40] PENG Y L,LI Y,ZHOU X,et al. Supercritical methanolysis reaction of lignite and compositional analysis of product[J].Coal Engineering,2009,(2):88-90.

[41] LU H Y,WEI X Y,YU R,et al. Sequential thermal dissolution of Huolinguole lignite in methanol and ethanol [J].Energy and Fuels,2011,25 (6):2741-2745.

[42] CHEN B,WEI X Y,ZONG Z M,et al. Difference in chemical composition of supercritical methanolysis products between two lignites [J]. Applied Energy, 2011, 88 (12): 4570-4576.

[43] PAINTER P,PULATI N,CETINER R,et al. Dissolution and dispersion of coal in ionic liquids[J].Energy and Fuels,2010,24 (3):1848-1853.

[44] LEI Z,ZHANG Y,WU L,et al. The dissolution of lignite in ionic liquids[J].RSC Advances,2013,3 (7):2385-2389.

[45] LEI Z,WU L,ZHANG Y,et al. Effect of noncovalent bonds on the successive sequential extraction of Xianfeng lignite[J].Fuel Processing Technology,2013,111:118-122.

[46] LEI Z,WU L,ZHANG Y,et al. Microwave-assisted extraction of Xianfeng lignite in 1-butyl-3-methyl-imidazolium chloride[J].Fuel,2012,95:630-633.

[47] LEI Z P,CHENG L L,ZHANG S F,et al. Dissolution performance of coals in ionic liquid 1-butyl-3-methyl-imidazolium chloride[J].Fuel Processing Technology,2015,129: 222-226.

[48] QI Y,VERHEYEN T V,TIKKOO T,et al. High solubility of Victorian brown coal in 'distillable'ionic liquid DIMCARB[J].Fuel,2015,158:23-34.

[49] LEI Z P,CHENG L L,ZHANG S F,et al. Dissolution of lignite in ionic liquid 1-ethyl-3-methylimidazolium acetate [J].Fuel Processing Technology,2015,135:47-51.

[50] YU J L,JIANG Y,TAHMASEBI A,et al. Coal oxidation under mild conditions:current status and applications [J]. Chemical Engineering and Technology, 2014, 37 (10): 1635-1644.

[51] HAYASHI J,MATSUO Y,KUSAKABE K,et al. Depolymerization of lower rank coals by low-temperature O_2 oxidation[J].Energy and Fuels,1997,11 (1):227-235.

[52] HAYASHI J I, AIZAWA S, KUMAGAI H, et al. Evaluation of macromolecular structure of a brown coal by means of oxidative degradation in aqueous phase[J].Energy and Fuels,1999,13 (1):69-76.

[53] WANG W, HOU Y, WU W, et al. Production of benzene polycarboxylic acids from

lignite by alkali-oxygen oxidation[J]. Industrial and Engineering Chemistry Research, 2012,51(46):14994-15003.

[54] WANG W,HOU Y,WU W,et al. Simultaneous production of small-molecule fatty acids and benzene polycarboxylic acids from lignite by alkali-oxygen oxidation[J]. Fuel Processing Technology,2013,112:7-11.

[55] CHAKRABARTTY S K,KRETSCHMER H O.Studies on the structure of coals:Part 1. The nature of aliphatic groups[J].Fuel,1972,51 (2):160-163.

[56] MAYO F R.Application of sodium hypochlotite oxidations to the structure of coal[J]. Fuel,1975,54 (4):273-275.

[57] MAYO F R,KIRSHEN N A.Oxidations of coal by aqueous sodium hypochlorite[J]. Fuel,1979,58 (9):689-704.

[58] YAO Z S,WEI X Y,LV J,et al. Oxidation of Shenfu coal with RuO_4 and NaOCl[J].Energy and Fuels,2010,24 (3):1801-1808.

[59] MIURA K, MAE K, OKUTSU H, et al. New oxidative degradation method for producing fatty acids in high yields and high selectivity from low-rank coals[J].Energy and Fuels,1996,10 (6):1196-1201.

[60] MAE K,SHINDO H,MIURA,K.A new two-step oxidative degradation method for producing valuable chemicals from low rank coals under mild conditions[J].Energy and Fuels,2001,15 (3):611-617.

[61] LIU Z X,LIU Z C,ZONG Z M,et al. GC/MS analysis of water-soluble products from the mild oxidation of Longkou brown coal with H_2O_2 [J]. Energy and Fuels, 2003, 17 (2):424-426.

[62] PAN C X,WEI X Y,SHUI H F,et al. Investigation on the macromolecular network structure of Xianfeng lignite by a new two-step depolymerization[J]. Fuel, 2013, 109: 49-53.

[63] LIU J,WEI X Y,WANG Y G,et al. Mild oxidation of Xiaolongtan lignite in aqueous hydrogen peroxide-acetic anhydride[J].Fuel,2014,142:268-273.

[64] DOSKOČIL L, GRASSET L, VÁLKOVÁ D, et al. Hydrogen peroxide oxidation of humic acids and lignite[J].Fuel,2014,134:406-413.

[65] STOCK L M,TSE K-T.Ruthenium tetroxide catalysed oxidation of Illinois No.6 coal and some representative hydrocarbons[J].Fuel,1983,62 (8):974-976.

[66] MURATA S,TANI Y,HIRO M,et al. Structural analysis of coal through RICO reaction:detailed analysis of heavy fractions[J].Fuel,2001,80 (14):2099-2109.

[67] KIDENA K,TANI Y,MURATA S,et al. Quantitative elucidation of bridge bonds and side chains in brown coals[J].Fuel,2004,83 (11-12):1697-1702.

[68] WANG Y G,WEI X Y,YAN H L,et al. Structural features of extraction residues from supercritical methanolysis of two Chinese lignites[J].Energy and Fuels,2013,27 (8): 4632-4638.

[69] LV J H,WEI X Y,QING Y,et al. Insight into the structural features of macromolecular aromatic species in Huolinguole lignite through ruthenium ion-catalyzed oxidation[J]. Fuel,2014,128:231-239.

[70] CHEN J W,MUCHMORE C B,LIN T C,et al. Supercritical extraction and desulfuriza-tion of coal with alcohols[J].Fuel Processing Technology,1985,11 (3):289-295.

[71] SHISHIDO M,MASHIKO T,ARAI K.Co-solvent effect of tetralin or ethanol on super-critical toluene extraction of coal[J].Fuel,1991,70 (4):545-519.

[72] KUZNETSOV P N,SUKHOVA G I,HIMER J,et al. Coal characterization for liquefac-tion in tetralin and alcohols[J].Fuel,1991,70 (9):1031-1038.

[73] DARIVA C,DE OLIVEIRA J,VALE M G,et al. Supercritical fluid extraction of a high-ash Brazilian coal:extraction with pure ethanol and isopropanol and their aqueous solu-tions[J].Fuel,1997,76 (7):585-591.

[74] 夏同成,魏贤勇,刘卫兵,等.锡林浩特褐煤的超临界甲醇解研究[J].武汉科技大学学报:自然科学版,2009,32(6):627-630.

[75] LU H Y,WEI X Y,YU R,et al. Sequential thermal dissolution of Huolinguole lignite in methanol and ethanol [J].Energy and Fuels,2011,25 (6):2741-2745.

[76] MAKABE M,HIRANO Y,OUCHI K.Extraction increase of coals treated with alcohol-sodium hydroxide at elevated temperatures[J].Fuel,1978,57 (5):289-292

[77] MAKABE M,FUSE S,OUCHI K.Effect of the species of alkali on the reaction of alco-hol-alkali-coal[J].Fuel,1978,57 (12):801-802.

[78] MAKABE M,OUCHI K.Solubility increase of coals by treatment with ethanol[J].Fuel Processing Technology,1981,5 (2):129-139.

[79] OUCHI K,OZAWA H,MAKABE M,et al. Dissolution of coal with NaOH-alcohol: effect of alcohol species[J].Fuel,1981,60 (6):474-476.

[80] BOUDOU J,BIMER J,SALBUT P,et al. Effects of LiAlH$_4$ reduction and/or O-methyl-ation on lignite conversion under CH$_3$OH-NaOH solubilization and pyrolysis conditions [J].Energy and Fuels,1996,10 (1):243-249.

[81] BIMER J,SAŁBUT P D,BERŁOŻECKI S.Effect of chemical pretreatment on coal solubiliza-tion by methanol-NaOH[J].Fuel,1993,72 (7):1063-1068.

[82] LEI Z P,LIU M X,SHUI H F,et al. Reaction behavior of Shenli lignite in supercritical methanolysis[J].Modern Chemistry Industry,2009,29:12-15.

[83] LEI Z P,LIU M X,SHUI H F,et al. Study on the liquefaction of Shengli lignite with

NaOH/methanol[J].Fuel Processing Technology,2010,91 (7):783-788.

[84] 彭耀丽.锡林浩特和霍林郭勒褐煤的超临界醇解[D].徐州:中国矿业大学,2009.

[85] 芦海云,魏贤勇,孙兵,等.氧化钙催化的霍林郭勒褐煤的超临界甲醇解研究[J].武汉科技大学学报:自然科学版,2010,33(1):83-87.

[86] LEI Z,LIU M X,GAO L,et al. Liquefaction of Shengli lignite with methanol and CaO under low pressure[J].Energy,2011,36 (5):3058-3062.

2 褐煤有机质结构的直接表征

我国褐煤资源较为丰富,预测储量超过 1 900 亿 t(其中已探明储量 1 300 亿 t),约占我国煤炭资源储量的 41%,主要集中在内蒙古自治区和云南省。本研究选用的三种褐煤也来自于这两个地区。运用先进的分析手段直接表征褐煤有机质结构的组成特征,能够为褐煤的温和转化提供指导。本章利用工业和元素分析、FTIRS、XPS、固体¹³C NMRS 和 TGA 等先进分析技术对我国三种典型褐煤——先锋褐煤(XL)、小龙潭褐煤(XLT)和胜利褐煤(SL)中的有机质进行表征,获取其官能团组成、碳骨架结构和表面元素组成等信息。

2.1 工业和元素分析

如表 2-1 所列,三种褐煤的水分含量均大于 20%,符合褐煤的基本特征。由于干燥过程需要消耗大量的能量,褐煤中的高含水量会影响褐煤的高效利用。灰分较高也是褐煤的另一特征。XLT 褐煤的灰分含量明显低于 XL 和 SL。三种褐煤的挥发分含量接近。由表 2-1 可知,三种褐煤的 C 含量均低于 70%,属于低变质程度的煤种,C 含量按 XL<XLT<SL 的顺序增加,而 H 含量和 H/C 比则按此顺序降低,推测三种褐煤的缩合程度按 XL<XLT<SL 的顺序增加。褐煤的 O 含量均超过 20%,其中 XL 中 O 含量最高,推测 XL 含较多含氧官能团。高的 O 含量是褐煤热值较低的主要原因。另一方面,这一特点使得褐煤作为生产高附加值含氧化学品的原料具有很大优势。研究表明,褐煤中的有机氧主要以—OH、—COOH、$>$C$=$O 和 C—O—C 等的形式存在。三种褐煤中 N 含量按 XL>XLT>SL 的顺序降低,而 S 含量则按 XL<XLT<SL 的顺序增加。褐煤中的 N 全部以有机氮的形式存在,S 则分为无机硫和有机硫。

表 2-1 褐煤的工业和元素分析(质量分数)

煤样	工业分析/%			元素分析(daf)/%				$S_{t,d}$/%	H/C
	M_{ad}	A_d	V_{daf}	C	H	N	O_{diff}		
XL	25.67	18.45	36.52	63.07	6.01	1.79	大于28.73	0.40	1.135 5

表 2-1(续)

煤样	工业分析/%			元素分析(daf)/%				$S_{t,d}$/%	H/C
	M_{ad}	A_d	V_{daf}	C	H	N	O_{diff}		
XLT	20.40	7.55	38.50	68.85	5.89	1.67	大于 22.65	0.95	1.019 4
SL	20.40	19.00	43.44	69.26	5.50	0.86	大于 23.23	1.15	0.946 2

diff:差减法;daf:干燥无灰基;M_{ad}:水分(空气干燥基);A_d:灰分(干燥基);V_{daf}:挥发分(daf);$S_{t,d}$:全硫(干燥基)。

2.2　FTIR 分析

　　FTIR 是研究煤中官能团分布的重要分析手段。如图 2-1 所示,XL、XLT 和 SL 的 FTIR 谱图相似,说明三种褐煤在结构上存在一定的相似性。从图 2-1 可以看出,褐煤中—OH(3 300 cm^{-1})、—CH$_3$ 和 > CH$_2$(2 920 cm^{-1} 和 2 850 cm^{-1})、> C=C<(1 600 cm^{-1})和 C—O—C(1 035 cm^{-1})等官能团的吸收峰强度最高,说明这些官能团在褐煤中占主要部分。如图 2-2 和图 2-3 所示,为了进一步研究褐煤中的氢键和 > C = O 类型,FTIR 谱图的 3 700～2 400 cm^{-1} 和 1 800～1 500 cm^{-1} 两个区域用 Peakfit 软件(4.12 版本)进行分峰拟合。谱图拟合采用 Peakfit 中的 second-derivate 方法。峰的类型设置为 Spectroscopy 和 Lorentz Amp。通过改变峰高、峰宽和峰型以优化拟合峰,直到相关系数(R^2)值接近于 1 为止。

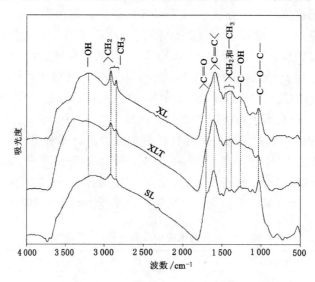

图 2-1　XL、XLT 和 SL 的 FTIR 谱图

　　3 700~2 400 cm⁻¹区域不同类型氢键的吸收峰波数和归属参照以往的研究[1-4]。如图 2-2 所示,三种褐煤 FTIR 谱图 3 700~2 400 cm⁻¹区域分别被拟合为 13 个吸收峰。各吸收峰的波数、归属和相对峰面积如表 2-2 所列。结果表明褐煤中含有 7 种氢键,它们的吸收峰波数分布在 3 510~2 500 cm⁻¹之间。如表 2-2 所列,根据不同氢键的峰面积,XL 中的氢键比例按—COOH 二聚体>—OH…醚 O>—OH…N>紧密束缚环—OH>—OH…π-SH…N>自缔合 —OH 的顺序递减;XLT 中的氢键比例按—COOH 二聚体>自缔合—OH>—OH…N>—OH…醚O>—OH…π>紧密束缚环—OH>SH…N

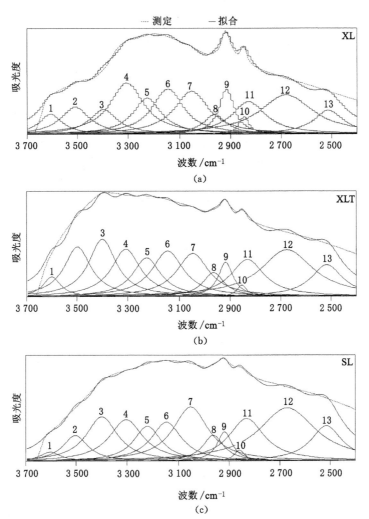

图 2-2　XL、XLT 和 SL 的 FTIR 谱图中 3 700~2 400 cm⁻¹区域的曲线拟合

的顺序递减;SL 中的氢键则按—COOH 二聚体＞自缔合—OH≈—OH…醚 O＞—OH…N＞—SH…N＞紧密束缚环—OH＞—OH…π 的顺序递减。三种褐煤中—COOH 二聚体型氢键的含量均为最高,原因可能是褐煤中含较多的羧基且羧基之间较易形成氢键。羟基之间容易形成自缔合—OH 和紧密束缚环—OH 两种类型的氢键。—OH…π 型氢键可能是由褐煤中的酚—OH 和芳环结构形成的;—OH…N 型氢键可能是酚—OH 和褐煤中吡啶型氮之间形成的。硫酚和硫醇中的—SH 和吡啶型氮之间可以形成—SH…N 型氢键。氢键在褐煤大分子网络结构的形成和保持中起着重要的作用。研究褐煤中氢键的分布有利于了解褐煤的大分子网络结构。氢键的存在也影响褐煤转化(如热解、液化和热溶)的反应性。图 2-2 中 3 601 cm^{-1} 附近的拟合峰是游离—OH 的吸收峰,说明褐煤中的部分—OH 以游离态形式存在。3 050 cm^{-1} 附近的峰为芳环 CH 的伸缩振动吸收峰。2 964 cm^{-1} 和 2 918 cm^{-1} 附近的峰为—CH$_3$ 和＞CH$_2$ 的不对称伸缩振动吸收峰,2 855 cm^{-1} 和 2 831 cm^{-1} 附近归的吸收峰属于—CH$_3$ 和＞CH$_2$ 的对称伸缩振动。

表 2-2　XL、XLT 和 SL 的 FTIR 谱图中 3 700～2 400 cm^{-1} 区域的归属

峰号	波数/cm^{-1}	归属	相对峰面积/%		
			XL	XLT	SL
1	3 601±2	游离—OH	3.7	2.4	1.4
2	3 500±6	—OH…π	6.2	9.4	4.5
3	3 398±3	自缔合—OH	5.4	11.0	9.7
4	3 300±3	—OH…醚 O	13.6	9.7	9.7
5	3 223±3	紧密束缚环—OH	8.0	7.4	6.6
6	3 145±1	—OH…N (酸/碱结构)	10.9	9.9	8.2
7	3 050±4	芳环 CH 伸缩振动	11.5	9.7	13.1
8	2 964±1	—CH$_3$ 不对称伸缩振动	3.5	3.5	3.8
9	2 918±1	＞CH$_2$ 不对称伸缩振动	5.3	3.5	3.0
10	2 855±6	—CH$_3$ 对称伸缩振动	1.4	0.8	0.8
11	2 831±1	＞CH$_2$ 对称伸缩振动	8.7	8.6	10.6
12	2 670±10	—COOH 二聚体	16.3	17.0	21.0
13	2 515±2	—SH…N	5.6	7.0	7.7

1 800～1 500 cm^{-1} 区域的吸收峰主要归属于＞C＝O 和芳环骨架。如图 2-3 所示,三种褐煤 FTIR 谱图 1 800～1 500 cm^{-1} 区域被分为 10 个吸收峰。各

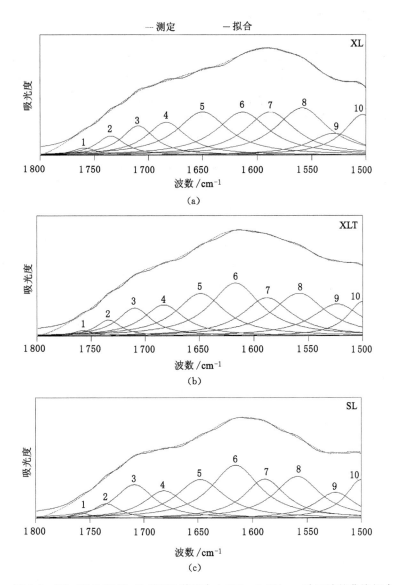

图 2-3　XL、XLT 和 SL 的 FTIR 谱图中 1 800～1 500 cm^{-1} 区域的曲线拟合

吸收峰的波数、归属和相对峰面积如表 2-3 所示[5-6]。1 758～1 649 cm^{-1} 范围内的 5 个峰为不同类型〉C＝O 的吸收峰,而 1 615～1 500 cm^{-1} 区域内的 5 个峰对应芳环〉C＝C〈和芳环骨架的伸缩振动吸收峰。XL 和 XLT 中〉C＝O 的相对含量按高度共轭的〉C＝O＞共轭〉C＝O＞羧酸中的〉C＝O＞醛和酯中的〉C＝O＞内酯中的〉C＝O 的顺序递减,而 SL 中羧酸中的〉C＝O 的相对

褐煤有机质的组成结构特征和温和转化基础研究

含量高于共轭＞C＝O。三种褐煤中相对含量最高的＞C＝O均为高度共轭的＞C＝O(1 649 cm⁻¹)。共轭的＞C＝O可能存在于＞C＝O位于α位的芳酮、含共轭＞C＝C＜的脂肪酮或者含共轭＞C＝O的羧酸中。1 710 cm⁻¹附近的峰归属于羧基中的＞C＝O，再次证明三种褐煤含一定量的—COOH。三种褐煤的芳环＞C＝C＜和芳环骨架伸缩振动吸收峰在1 800～1 500 cm⁻¹相对峰面积均大于60％，说明褐煤中的芳环结构含量较高。

表 2-3　XL、XLT 和 SL 的 FTIR 谱图中 1 800～1 500 cm⁻¹ 区域的归属

峰号	波数/cm⁻¹	归属	相对峰面积/%		
			XL	XLT	SL
1	1 758±2	内酯中的＞C＝O	1.2	0.8	0.8
2	1 735±1	醛和酯中的＞C＝O	3.7	2.8	3.0
3	1 710±1	羧酸中的＞C＝O	6.6	6.7	10.3
4	1 682±2	共轭＞C＝O	9.0	9.0	8.4
5	1 649±1	高度共轭的＞C＝O	15.1	14.6	14.2
6	1 615±2	芳环＞C＝C＜	15.2	18.7	19.4
7	1 588±1	芳环骨架伸缩振动	14.7	13.0	12.2
8	1 558±1	芳环骨架伸缩振动	16.6	15.8	14.5
9	1 527±3	芳环骨架伸缩振动	7.2	11.3	7.7
10	1 502±2	芳环＞C＝C＜	10.6	7.4	9.4

2.3　XPS 分析

XPS广泛地用于测定煤及其衍生物表面元素(C、O、N 和 S)的形态分布[7-10]。XPS只能揭示固体样品表面5 nm之内元素的化学形态。因此，XPS测定的褐煤表面的元素组成和褐煤实际的元素组成可能存在明显的差异。如图2-4所示，对三种褐煤的 C 1s、N 1s 和 S 2p 窄谱用 XPSPeakfit 软件进行分峰拟合。在 XPS 分析中，煤表面含氧官能团的分布通常用 C 1s 谱图的拟合结果来进行表征。如图 2-4 和表 2-4 所示，C 1s 窄谱可以分为结合能为 284.8 eV、286.1 eV、(287±0.2) eV 和 289.1 eV 的 4 个峰，分别对应脂肪碳/芳碳、C—OH 或 C—O 碳、C＝O 碳和 COOH 碳。脂肪碳和芳碳在褐煤表面C元素中的相对含量均大于60％，其中 XL 表面脂肪碳和芳碳的相对含量高达84.2％。含氧官能团的相对含量在三种褐煤中均按 C—OH 或 C—O＞C＝O＞COOH 的顺序递减。C—OH 或 C—O 可能以

酚、脂肪醇、芳醚和脂肪醚的形式存在；由 FTIR 分析（表 2-3）可以看出 C＝O 可能存在于醛、酮和酯中。SL 表面 COOH 的羧基相对含量最高，与 FTIR 分析结果相一致，而利用 XPS 在 XLT 表面未检测到 COOH。

从元素分析可以看出，褐煤中的 N 和 S 元素的含量较低，但它们在褐煤利用过程中以 NO_x 和 SO_x 的形式释放出来，会给生态环境造成严重的污染。因此，了解褐煤中 N 和 S 的赋存形态是有效脱除褐煤中 N 和 S 的前提，对褐煤的高效洁净利用起着重要的作用。如图 2-4 和表 2-4 所示，褐煤表面的有机氮包括吡啶氮（398 eV）、氨基氮（399.5 eV）、吡咯氮（400.5 eV）、季氮（401.3 eV）和吡啶氧化物（402.8 eV），其中吡咯氮的含量最高，吡啶氮的含量最低。相比 SL，XL 和 XLT 表面氨基氮的相对含量较高。氨基氮可能主要存在于脂肪胺、芳胺和酰胺中。

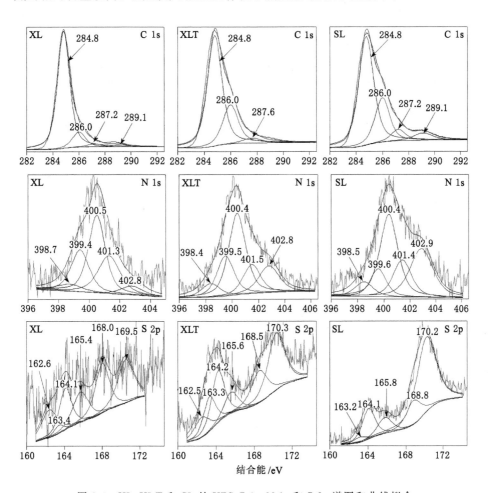

图 2-4　XL、XLT 和 SL 的 XPS C 1s、N 1s 和 S 2p 谱图和曲线拟合

　　一般而言,煤中的硫主要包括有机硫和无机硫。如图 2-4 和表 2-4 所示,XL、XLT 和 SL 表面无机硫的相对含量分别约为 39％、40％ 和 59％,主要为黄铁矿和硫酸盐,其中硫酸盐的相对含量较高,而 SL 表面未检测到黄铁矿。和黄铁矿和硫酸盐不同,煤中大部分有机硫以共价键结合形式束缚在煤的网络结构中。如表 2-4 所列,褐煤中的有机硫主要包括脂肪硫、芳硫、亚砜和砜,对应结合能为 163.3 eV、164.1 eV、165.6 eV 和 168.3 eV。XL 表面有机硫中砜的相对含量最高,其次是芳硫,而 XLT 和 SL 中芳硫是相对含量最高的有机硫。褐煤中的脂肪硫可能主要以硫醇、硫酚、硫烷和二硫烷的形式存在;芳硫可以主要存在于噻吩及其衍生物(例如苯并噻吩、二苯并噻吩和萘苯并噻吩类化合物)中。如表 2-4 所列,三种褐煤表面亚砜和砜的相对含量较高,可能的原因是在褐煤运输和储存过程中表面的脂肪硫和芳硫化合物被空气氧化生成对应的亚砜和砜类化合物。相比芳硫,脂肪硫更易被空气氧化。

表 2-4　XPS 分析 XL、XLT 和 SL 表面 C、N 和 S 的形态分布

元素峰	结合能/eV	形态	相对含量/%		
			XL	XLT	SL
C 1s	284.8	脂肪碳和芳碳	84.2	70.2	62.9
	286.1	C—OH 或 C—O	11.6	26.2	25.4
	287.4±0.2	C＝O	2.4	3.6	6.4
	289.1	COOH	1.8	—	5.3
N 1s	398.5±0.2	吡啶氮	5.2	7.4	6.5
	399.5±0.1	氨基氮	23.1	20.4	10.9
	400.5±0.1	吡咯氮	39.8	41.1	37.4
	401.3±0.1	季氮	25.3	14.8	16.9
	402.8±0.1	吡啶氧化物	6.6	16.3	28.3
S 2s	162.5±0.1	黄铁矿	15.3	9.5	—
	163.3±0.1	脂肪硫	2.8	13.1	2.6
	164.1±0.1	芳硫	17.4	21.2	15.3
	165.6±0.2	亚砜	16.3	9.4	9.2
	168.3±0.3	砜	24.2	16.4	14.2
	169.9±0.4	硫酸盐	24.1	30.4	58.8

2.4 固体¹³C NMRS 分析

　　交叉极化魔角旋转(CP/MAS)固体¹³C NMRS 广泛用于评估煤中的碳骨架结构信息。褐煤中不同类型碳的化学位移(δ)和归属结构参照以往文献报道[11-15]。如图 2-5 所示,根据化学位移三种褐煤的¹³C NMR 谱图可明显地分为脂肪碳区

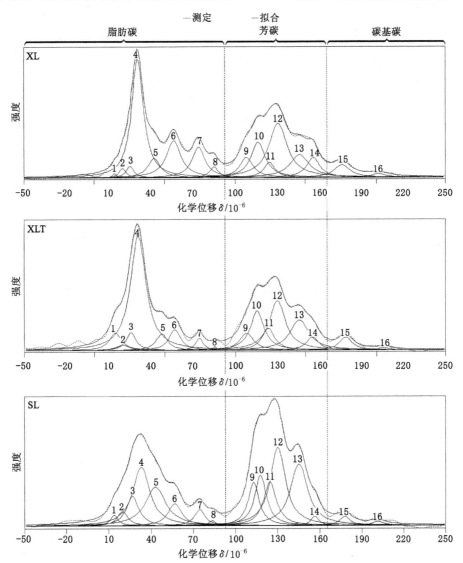

图 2-5　XL、XL 和 TSL 的¹³C NMR 谱图和拟合曲线

[$(0\sim90)\times10^{-6}$]、芳碳区[$(90\sim170)\times10^{-6}$]和羰基碳区[$(170\sim220)\times10^{-6}$]三个谱带。XL 和 XLT 谱图中脂肪碳区的强度明显强于芳碳区,而 SL 谱图中芳碳区的强度高于脂肪碳区,表明 XL 和 XLT 中脂肪碳的含量相对较高,而 SL 中的芳碳含量比脂肪碳高。

通过 Peakfit 软件分峰拟合,褐煤 ^{13}C NMR 谱图进一步被分为 16 个代表褐煤中不同类型碳的峰。不同类型碳的摩尔百分数用其对应峰的相对峰面积表示。如图 2-5 和表 2-5 所示,褐煤中的碳以脂肪碳和芳碳为主,羰基碳的含量较低。在脂肪碳中,—CH_2—[f_{al}^3,$(32.1\pm1.0)\times10^{-6}$]在三种褐煤中的摩尔百分数均为最高,说明褐煤中富含亚甲基结构。褐煤中的 CH_3 主要以 RCH_3[f_{al}^1,$(14.5\pm0.6)\times10^{-6}$]、$ArCH_3$[$f_{al}^a$,$(20.1\pm0.2)\times10^{-6}$]和 CH_3OCH_2—[f_{al}^{O1},$(56.6\pm0.3)\times10^{-6}$]的形式存在,它们的含量较低。SL 中—$CH_2$—的摩尔百分数显著低于 XL 和 XLT,而 RCH_2CH_3[f_{al}^2,$(26.3\pm0.6)\times10^{-6}$]和次甲基(CH)、季碳 C[$f_{al}^4$,$(45.2\pm2.6)\times10^{-6}$]的摩尔百分数则明显高于 XL 或 XLT,推测 SL 相比 XL 和 XLT 含较少的—CH_2—,较多的乙基、次甲基和季碳。

表 2-5 固体 ^{13}C NMRS 分析 XL、XLT 和 SL 中不同类型
碳的化学位移和摩尔百分数

峰号	化学位移/10^{-6}	碳类型	符号	摩尔分数/%		
				XL	XLT	SL
脂肪碳						
1	14.5 ± 0.6	RCH_3	f_{al}^1	1.0	4.4	2.2
2	20.1 ± 0.2	$ArCH_3$	f_{al}^a	2.2	1.3	2.9
3	26.3 ± 0.6	RCH_2CH_3	f_{al}^2	2.7	4.5	6.0
4	32.1 ± 1.0	—CH_2—	f_{al}^3	28.0	29.0	11.8
5	45.2 ± 2.6	次甲基(CH)和季碳(C)	f_{al}^4	4.5	4.2	7.8
6	56.6 ± 0.3	CH_3OCH_2—	f_{al}^{O1}	8.7	5.2	4.4
7	74.2 ± 0.2	—CH_2OCH_2—	f_{al}^{O2}	7.2	3.1	3.3
8	84.4 ± 1.1	RCH_2OH 或 $\rangle CHOH$	f_{al}^{O3}	2.5	0.9	1.0
芳碳						
9	110.4 ± 2.4	质子化芳碳	f_a^{H1}	4.7	4.3	8.8
10	116.6 ± 1.1	质子化芳碳	f_a^{H2}	8.3	10.0	10.2
11	124.0 ± 0.5	质子化芳碳	f_a^{H3}	3.6	5.6	8.8
12	130.2 ± 0.3	芳桥碳	f_a^b	12.7	12.6	15.8

表 2-5(续)

峰号	化学位移/10^{-6}	碳类型	符号	摩尔分数/%		
				XL	XLT	SL
13	145.5 ± 0.4	烷基取代芳碳	f_a^a	5.3	7.7	12.4
14	155.6 ± 0.8	ArOH 或 ArOR	f_a^O	4.7	3.3	1.9
羰基碳						
15	177.2 ± 1.2	—COOH 和—COOR	f_a^{C1}	3.0	3.3	1.8
16	203.1 ± 2.0	$>$C$=$O 和—CHO	f_a^{C2}	0.8	0.6	0.9

如图 2-5 和表 2-5 所示,褐煤中芳碳主要包括质子化芳碳(f_a^{H1},f_a^{H2},f_a^{H3})、芳桥碳[f_a^b,$(130.2\pm0.3)\times10^{-6}$]、烷基取代芳碳[$f_a^a$,$(145.5\pm0.4)\times10^{-6}$]和 ArOH 或 ArOR[$f_a^O$,$(155.6\pm0.8)\times10^{-6}$],其中质子化芳碳和芳桥碳的摩尔分数最高,说明褐煤中的芳碳以不含取代基的质子化芳碳和芳桥碳为主。SL 中的质子化芳碳和芳桥碳的摩尔分数均高于 XL 或 XLT,推测 SL 中含较多缩合芳环结构。f_a^a 的摩尔分数按 XL<XLT<SL 顺序递增,而 f_a^O 的摩尔分数按XL>XLT>SL 顺序递减,说明 SL 中的芳环结构上含较多的烷基,而 XL 和 XLT 中的芳环上的含氧取代基相对较多。从拟合结果也可以看出,褐煤中的含氧官能团主要以 CH_3OCH_2—(f_{al}^{O1})、—CH_2OCH_2—(f_{al}^{O2})、RCH_2OH 或 $>$CHOH(f_{al}^{O3})、ArOH 或 ArOR(f_a^O)、—COOH 和—COOR(f_a^{C1})及$>$C$=$O 和—CHO(f_a^{C2})中羰基的形式存在。三种褐煤的含氧官能团的摩尔分数均按 $f_{al}^{O2}>f_a^O>f_a^{C1}>f_{al}^{O3}>f_a^{C2}$ 的顺序递减。

根据表 2-5 中不同类型碳的摩尔分数和文献报道的计算公式,计算得到三种褐煤碳骨架结构的一些重要参数如表 2-6 所列。褐煤的芳环缩合度(f_a)按 XL<XLT<SL 的顺序依次递增,而脂肪碳的含量(f_{al})按 XL>XLT>SL 的顺序依次递减。XL、XLT 和 SL 碳骨架中每 100 个碳原子中分别约含 40、44 和 58 个芳碳原子,约含 57、53 和 40 个脂肪碳原子,这与元素分析结果(表 2-1)中 C 含量按 XL<XLT<SL 的顺序增加而 H/C 比依次降低相一致,从结构上反映出三种褐煤变质程度逐渐提高,芳环结构含量增加,而脂肪结构含量减少。三种褐煤碳骨架中每 100 个碳原子中分别约含 4、4 和 3 个羰基碳。

参数桥碳比(χ_b)是评估煤中芳香簇结构尺寸大小的重要参数。如表 2-6 所列,XL、XLT 和 SL 的 χ_b 值分别为 0.32、0.29 和 0.27。蒽或者菲的 χ_b 值为 0.29,说明三种褐煤碳骨架结构中的每个芳环单元结构的平均芳环数接近于 3,以蒽和菲环为主。三种褐煤碳骨架结构的亚甲基链平均长度按 XL>XLT>SL 的顺序递减,分别为 5.76、4.35 和 1.43,推测 XL 和 XLT 的碳骨架结构中含较多长链亚甲基桥键和烷基侧链,而 SL 中则以断链亚甲基和烷基侧链为主。三种褐煤的芳环取代程度相近,约为 0.25,推测每个芳环上平均取代基数目为 1～2 个。

表 2-6   固体 ^{13}C NMRS 测定 XL、XLT 和 SL 中的碳结构参数

碳结构参数	定义	数值		
		XL	XLT	SL
芳环缩合度	$f_a = f_a^{H1} + f_a^{H2} + f_a^{H3} + f_a^b + f_a^a + f_a^O$	39.4%	43.5%	57.9%
脂肪碳比例	$f_{al} = f_{al}^1 + f_{al}^a + f_{al}^2 + f_{al}^3 + f_{al}^4 + f_{al}^{O1} + f_{al}^{O2} + f_{al}^{O3}$	56.8%	52.6%	39.4%
羰基碳比例	$f^C = f^{C1} + f^{C2}$	3.8%	3.9%	2.7%
桥碳比	$\chi_b = f_a^b / f_a$	0.32	0.29	0.27
亚甲基链平均长度	$C_n = (f_{al}^2 + f_{al}^3)/f_a$	5.76	4.35	1.43
芳环取代程度	$\sigma = (f_a^a + f_a^O)/f_a$	0.26	0.25	0.25

2.5   TGA 分析

在煤的热重分析(TG)曲线中,350 ℃之前的失重是结合水脱除、非共价键缔合挥发性小分子的释放以及羧酸的脱羧反应;350～600 ℃阶段主要是煤中部分共价键发生热解断裂,释放出部分气体、挥发性小分子和焦油;600 ℃之后主要发生芳环缩聚反应释放氢气和形成半焦。如图 2-6 的 TG 曲线所示,三种褐煤的主要热解失重反应主要发生在 350～600 ℃阶段,600 ℃之后失重曲线均趋于平缓。SL 的失重率始终低于 XL 和 XLT,表明 SL 的化学结构与 XL 和 XLT 存在较大的差异。这可能归因于 SL 中含较多芳环结构而较少脂肪结构(^{13}C NMRS 分析)。XL 在 350 ℃之前的失重率低于 XLT,推测 XLT 中含更多非共价缔合的小分子和羧基。在 350～600 ℃阶段 XL 的失重率则高于 XLT,表明 XL 中含更多易于断裂的共价键。^{13}C NMRS 分析(表 2-6)也表明 XL 中脂肪碳的含量高于 XLT。XL、XLT 和 SL 在 900 ℃时的质量保留率分别约为 43%、38% 和 50%,也表明 SL 中含较多稳定不易被热解的结构。从图 2-6 中的导热热重分析(DTG)曲线可以看出,三种褐煤在 350～600 ℃温度区域的最大失重速率也按 XL>XLT>SL 的顺序递增。

煤的 DTG 曲线主要是由热解过程中煤中不同类型的共价键断裂形成的。

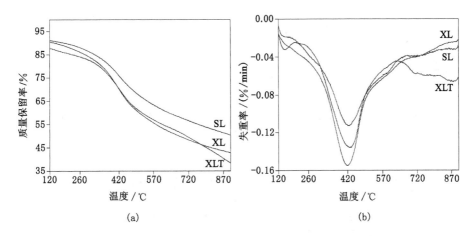

图 2-6　XL、XLT 和 SL 的 TG/DTG 曲线

(a) TG 曲线；(b) DTG 曲线

因此,褐煤的 DTG 曲线可以通过曲线拟合分为代表不同类型共价键的峰,以研究褐煤中的共价键类型。通过 Peakfit 软件分峰拟合,可将三种褐煤的 DTG 曲线分为 6 个峰(图 2-7)。各峰对应煤中不同类型共价键及其键能范围参考以往文献报道[16]。如图 2-7 和表 2-7 所示,峰 1 的峰值温度低于 300 ℃,可能是由褐煤中结合水的释放和羧酸的脱羧反应形成的。峰 2～4 主要是 350～600 ℃ 范围内褐煤中有机质的脱挥发分作用形成的,归属于键能在 150～430 kJ/mol 范围内的共价键的断裂(表 2-7)。峰 2 的峰值温度在 370 ℃ 左右,可能归属于键能在 150～230 kJ/mol 之间的较弱 C_{alk}—O、C_{alk}—N、C_{alk}—S 和 S—S 等共价键的断裂。峰值温度在 430 ℃ 左右的峰 3 可能是褐煤中 C_{alk}—C_{alk}、C_{alk}—H、C_{alk}—O 和 C_{ar}—N 等共价键断裂形成的,它们的键能为 210～320 kJ/mol。褐煤中这些共价键的含量相对较高,因此在这个温度的失重率达到最高。峰 4 可能归属于键能在 300～430 kJ/mol 范围内更强的共价键,如 C_{ar}—C_{alk}、C_{ar}—O 和 C_{ar}—S 等。如图 2-7 所示,SL 的 DTG 曲线中峰 4 的面积和最高失重率明显高于 XL 和 XLT,推测 SL 中可能含更多这些较强的共价键。根据文献报道[16],DTG 曲线中的峰 5 可能归因于褐煤灰分中碳酸盐分解产生 CO_2。DTG 曲线中 700 ℃ 以后的失重主要归属于煤中芳环发生缩聚反应释放 H_2 和形成半焦,在这个温度范围内在线质谱检测到的气体主要为 H_2。如图 2-7 和表 2-7 所示,三种褐煤 DTG 曲线峰 6 的峰值温度分别为 766 ℃、786 ℃ 和 771 ℃。芳环 C_{ar}—H 的键能通常大于 400 kJ/mol。

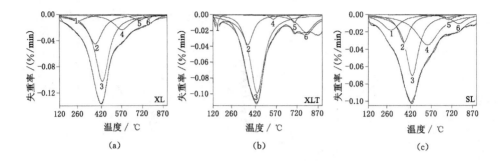

图 2-7　XL、XLT 和 SL 的 DTG 曲线和拟合曲线

表 2-7　XL、XLT 和 SL 的 DTG 曲线各拟合峰的归属

峰号	来源归属	键能 /(kJ/mol)	峰值温度/℃		
			XL	XLT	SL
1	释放结合水和脱羧反应	小于 150	253	149	281
2	弱共价键 C_{alk}—O、C_{alk}—N、C_{alk}—S 和 S—S 断裂	150～230	378	367	375
3	C_{alk}—C_{alk}、C_{alk}—H、C_{alk}—O 和 C_{ar}—N 断裂	210～320	429	433	433
4	C_{ar}—C_{alk}、C_{ar}—O 和 C_{ar}—S 断裂	300～430	574	549	543
5	碳酸盐分解产生 CO_2	—	696	700	699
6	芳环缩合反应释放 H_2	大于 400	766	786	771

2.6　本章小结

　　本章利用工业和元素分析、FTIR、XPS、固体[13]C NMRS 和 TGA 等分析方法探索 XL、XLT 和 SL 中有机质的结构特征。褐煤富含含氧官能团。FTIR 分析揭示了褐煤中 7 种不同类型的氢键和 5 种类型的＞C＝O。XPS 分析结果表明褐煤表面的含氧官能团主要包括 C—OH 或 C—O、＞C＝O 和—COOH；吡咯氮是主要的有机氮赋存形态；有机硫中芳硫（主要存在于噻吩结构中）和砜的含量最高。三种褐煤的碳骨架结构的芳环缩合度按 XL ＜ XLT ＜ SL 的顺序增加，脂肪碳含量则依次递减。褐煤中富含亚甲基结构，亚甲基链的长度按 XL ＞ XLT ＞ SL 的顺序递减。芳碳主要以不含取代基的质子化芳碳和芳桥碳为主，芳环单元结构的平均芳环数接近于 3。利用 TGA 研究了褐煤在 120～900 ℃范围内的热解行为。通过分峰拟合对褐煤 DTG 曲线进行分析，了解了褐煤

中不同类型的共价键及它们在热解过程中发生断裂的温度范围。

本章参考文献

[1] CHEN C,GAO J,YAN Y.Observation of the type of hydrogen bonds in coal by FTIR[J]. Energy and Fuels,1998,12 (3):446-449.

[2] LI D,LI W,LI B.A new hydrogen bond in coal[J].Energy and Fuels,2003,17 (3): 791-793.

[3] ZUBKOVA V,CZAPLICKA M.Changes in the structure of plasticized coals caused by extraction with dichloromethane[J].Fuel,2012,96:298-305.

[4] LI D,LI W,CHEN H,et al. The adjustment of hydrogen bonds and its effect on pyrolysis property of coal[J].Fuel Processing Technology,2004,85:815-825.

[5] LIEVENS C,MOURANT D,HE M,et al. An FT-IR spectroscopic study of carbonyl functionalities in bio-oils[J].Fuel,2011,90:3417-3423.

[6] GENG W,NAKAJIMA T,TAKANASHI H,et al. Analysis of carboxyl group in coal and coal aromaticity by Fourier transform infrared (FT-IR) spectrometry[J].Fuel,2009,88: 139-144.

[7] GORBATY M L,KELEMEN S R.Characterization and reactivity of organically bound sulfur and nitrogen fossil fuels[J].Fuel Processing Technology,2001,71:71-78.

[8] PIETRZAK R,WACHOWSKA H.The influence of oxidation with HNO_3 on the surface composition of high-sulphur coals:XPS study[J].Fuel Processing Technology,2006,87: 1021-1029.

[9] PIETRZAK R,GRZYBEK T,WACHOWSKA H.XPS study of pyrite-free coals subjected to different oxidizing agents[J].Fuel,2007,86:2616-2624.

[10] NOWICKI P,PIETRZAK R,WACHOWSKA H.X-ray photoelectron spectroscopy study of nitrogen-enriched active carbons obtained by ammoxidation and chemical activation of brown and bituminous coals[J].Energy and Fuels,2009,24:1197-1206.

[11] YOSHIDA T,MAEKAWA Y.Characterization of coal structure by CP/MAS carbon-13 NMR spectrometry[J].Fuel Processing Technology,1987,15:385-395.

[12] SONG C,HOU L,SAINI A K,et al. CPMAS ^{13}C NMR and pyrolysis-GC-MS studies of structure and liquefaction reactions of Montana subbituminous coal[J].Fuel Processing Technology,1993,34:249-276.

[13] JIA J,ZENG F,SUN B. Construction and modification of macromolecular structure model for vitrinite from Shendong 2~(-2) coal[J].Journal of Fuel Chemistry and Technology,2011,39:652-657.

[14] TONG J,HAN X,WANG S,et al. Evaluation of structural characteristics of Huadian oil shale kerogen using direct techniques (solid-state ^{13}C NMR,XPS,FT-IR,and XRD)[J].

Energy and Fuels,2011,25:4006-4013.

[15] LIN X,WANG C,IDETA K,et al. Insights into the functional group transformation of a Chinese brown coal during slow pyrolysis by combining various experiments[J].Fuel, 2014,118:257-264.

[16] SHI L,LIU Q,GUO X,et al. Pyrolysis behavior and bonding information of coal-a TGA study [J].Fuel Processing Technology,2013,108:125-132.

3 褐煤的超声分级萃取和逐级热溶

温和条件下的萃取可以在不破坏褐煤中共价键的前提下从褐煤中分离出可溶有机分子,是研究褐煤中有机质组成的重要手段。通过萃取所获得的可溶有机分子能够较为真实地反映褐煤中部分有机质的组成结构。由于褐煤中可溶有机分子之间和可溶有机分子与大分子网络结构之间会形成很强的分子间作用力,褐煤在大部分溶剂中的萃取率较低,萃取所得化合物仅代表褐煤有机质组成的一小部分。较高温度($>300\ ℃$)下的热溶可以破坏褐煤中分子间的相互作用力(如氢键和 π-π 相互作用等)和部分较弱的共价键(如—C—O—),使得褐煤中更多的有机质溶于溶剂中。

结合温和条件下的萃取和逐级热溶是研究褐煤有机质组成结构的有效方法。因此,本章研究 XL、XLT 和 SL 的逐级超声萃取和萃余物的逐级热溶,希望能从分子水平上揭示褐煤中可溶有机质(包括游离的、以非共价键相互作用的和以弱共价键束缚在大分子网络结构中的有机分子)组成和溶出规律。不同溶剂对褐煤中不同性质的化合物有不同的溶解效果。采用不同溶剂中的逐级超声萃取和逐级热溶能够明显提高萃取物和热溶物收率的同时,还能使煤中可溶有机质实现族组分分离。这也有利于可溶有机质族组分的检测和从褐煤中分离高附加值化学品。

依次用 200 mL 石油醚、CS_2、甲醇、丙酮和 CS_2/丙酮的混合溶剂(体积比为 1∶1)在超声辐射下反复萃取(用每种溶剂萃取 10 次以上)10 g 褐煤及其萃余物,得到萃取物 1~5(简称 E_1~E_5)和最终的萃余物 5(简称 UER)。取 2 g UER 和 20 mL 环己烷放入内容积为 100 mL 的磁力搅拌高压釜中,在室温下用 N_2 排出釜内空气后快速加热至 320 ℃ 并在此温度下磁力搅拌 2 h,置高压釜体于水浴中冷却至室温,取出反应混合物过滤分离并用环己烷反复洗涤后在 80 ℃ 下真空干燥滤饼(即残渣 6,简称 R_6),合并滤液和洗涤液得到含萃取物 6(简称 E_6)的溶液。用类似的方法依次用苯、甲醇、乙醇和异丙醇对 R_6 进行逐级热溶,得到萃取物 7~10(简称 E_7~E_{10})和最终的残渣 10(简称 TER)。

3.1 褐煤超声萃取

3.1.1 萃取物 E₁~E₅ 的收率和 FTIR 分析

为了解褐煤中游离的和以较弱分子间作用力结合(如色散力、较弱的氢键和 π-π 相互作用)的可溶有机化合物,用 5 种低沸点溶剂对三种褐煤进行逐级超声萃取。相比传统的索氏萃取,超声萃取能够加强有机溶剂和煤颗粒之间的传质作用,有利于提高萃取效率,缩短萃取时间。

如图 3-1 所示,XL、XLT 和 SL 超声萃取所得 E₁~E₅ 的总收率分别为 13.6%、4.5% 和 5.2%。XL 萃取所得 E₁~E₅ 的总收率显著高于 XLT 和 SL,说明 XL 有机质中含更多超声条件下可溶的游离的或以较弱非共价键结合的化合物。尽管 CS₂/丙酮的混合溶剂被认为是一种煤萃取的有效溶剂,三种褐煤 E₅ 的收率均较低,可能原因是褐煤中大部分超声条件下可溶的化合物已被前 4 种溶剂萃取出来。XL 萃取所得 E₁~E₅ 中,E₂ 的收率最高(8.3%),而 E₃ 是 XLT 和 SL 中收率最高的萃取物,分别为 1.5% 和 3.7%。石油醚和 CS₂ 对极性较低的化合物如烷烃和芳烃有较好的溶解性,极性较高的杂原子化合物则较易溶于甲醇中。XL 萃取所得 E₁ 和 E₂ 的收率显著高于 XLT 和 SL,推测 XL 有机质中含较多可溶的低极性化合物。XLT 和 SL 有机质中可能含较多杂原子化合物。

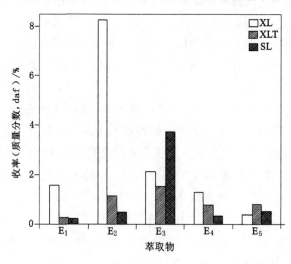

图 3-1 褐煤超声萃取所得 E₁~E₅ 的收率

　　E₁~E₅ 红外谱图中不同的吸收峰对应不同的官能团[1-3]。如图 3-2 所示，三种褐煤超声萃取所得 E₁~E₅ 的 FTIR 谱图在 2 920 cm⁻¹ 和 2 850 cm⁻¹ 处有很强的—CH₃ 和〉CH₂ 的伸缩振动吸收峰，以及 1 462 cm⁻¹ 和 1 376 cm⁻¹ 附近存在明显的—CH₃ 和〉CH₂ 弯曲振动吸收峰，表明 E₁~E₅ 中的化合物含丰富的脂肪族结构。绝大部分萃取物在 1 700 cm⁻¹ 附近有较强的〉C＝O 振动吸收峰，说明褐煤 E₁~E₅ 中含〉C＝O 的化合物的含量较高。〉C＝O 可能存在于酮类、酯类和羧酸中。XPS 分析(表 2-4)和固体¹³C NMRS 分析(表 2-6)表明，三种褐煤中羰基的相对含量并不高。〉C＝O 能与 CS₂、丙酮和 CS₂/丙酮混合溶剂中的 C＝S 或〉C＝O 之间形成 π-π 相互作用，或与甲醇中的—OH 形成氢键。因此，这些溶剂易从褐煤中萃取出含〉C＝O 的化合物。1 600 cm⁻¹ 和 1 510 cm⁻¹ 附近的两个吸收峰是芳环〉C＝C〈的振动吸收峰。在三种褐煤的 E₁ 中均未观察到明显的 1 600 和 1 510 cm⁻¹ 吸收峰，表明 E₁ 中的芳香族化合物含量较少。E₂ 和 E₃ 的 FTIR 谱图中在 1 510 cm⁻¹ 附近的吸收峰强度明显强

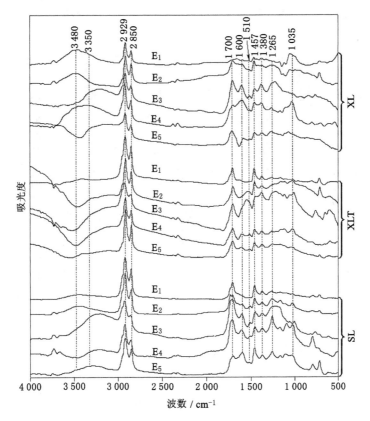

图 3-2　褐煤超声萃取所得 E₁~E₅ 的 FTIR 谱图

于 E_4 和 E_5，而 E_4 和 E_5 中在 1 600 cm^{-1} 附近的吸收峰则显著强于 E_2 和 E_3，推测 E_2 和 E_3 与 E_4 和 E_5 中的芳香族化合物的结构存在差异。SL 萃取所得 $E_1 \sim$ E_5 在 1 265 cm^{-1} 处的 C—OH 吸收峰明显强于 XL 和 XLT 萃取所得 $E_1 \sim E_5$ 在此处的吸收峰，推测 SL 萃取物中含—OH 的化合物如酚类和醇类相对较多。

3.1.2　$E_1 \sim E_5$ 的族组分分析

利用 GC/MS 分析三种褐煤超声萃取所得 $E_1 \sim E_5$ 中易挥发的和极性较低的有机小分子化合物（<500 u）。用 GC/MS 在 XLT 的 E_4 和 E_5、SL 的 E_3 中均未检测出任何有机化合物，推测这三个萃取物主要由极性较高和分子量较大的有机化合物组成。如图 3-3 所示，这三个萃取物以外的萃取物中 GC/MS 可检测的化合物主要包括链烷烃、环烷烃、链烯烃、环烯烃、烷基苯、缩合芳烃、醇类、酚类、醛类、酮类、羧酸、烷酸酯、苯羧酸酯、有机氮化合物（NCSs）和有机硫化合物（SCSs）。XL、XLT 和 SL 的各级超声萃取物的族组分分布存在很大的差异，说明三种褐煤中超声条件下可溶的有机质组成结构明显不同。

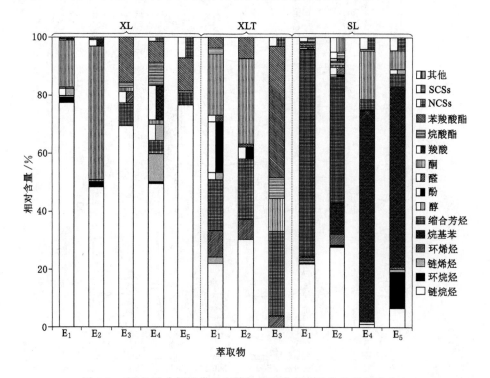

图 3-3　GC/MS 分析褐煤超声萃取所得各级萃取物的族组分分布

如图 3-3 所示,XL 超声萃取过程中析出的主要成分是烷烃,E_1 和 E_2 芳烃(包括烷基苯和缩合芳烃)的析出量很少,后三级芳烃的析出量也不多,烯烃主要在 E_4 中析出。烷烃以外的主要组分是含杂原子的有机化合物,如酮类、羧酸、酯类和 NCSs。除烷烃外,XL 的 E_1 和 E_2 中酮类化合物是主要的成分。除酮类以外,其他含杂原子化合物主要在 $E_3 \sim E_5$ 中析出,原因可能是后三级萃取物所用溶剂的极性相对较高,易萃取出含杂原子化合物。醇类、羧酸和烷酸酯类主要在 E_4 中析出,NCSs 主要存在于 E_5 中。XL 各级萃取物中几乎未检测出 SCSs。

XLT 超声萃取所得 GC/MS 可检测成分只在前三级萃取物中析出。如图 3-3 所示,除相对含量较高的烷烃和酮类化合物外,XLT 的 E_1 和 E_2 中还检测出含量较高的环烯烃、缩合芳烃和酚类等化合物。缩合芳烃在 $E_1 \sim E_3$ 中的相对含量均较高,以 1,6-二甲基-4-异丙基萘为主。酚类化合物以含 $C_1 \sim C_4$ 烷基的苯酚类化合物为主。烷酸酯、苯羧酯和 NCSs 类化合物主要在 E_3 中析出。同样 GC/MS 可检测的 SCSs 没有在 XLT 的 $E_1 \sim E_3$ 中析出。

SL 的 E_1 和 E_2 中 GC/MS 可检测组分主为缩合芳烃(其中 1-甲基萘的含量占绝对优势,在 E_1 和 E_2 中的相对含量分别为 70% 和 35%),其次是烷烃。少量的 SCSs 在 E_1 和 E_2 中析出。E_4 和 E_5 中的组分主要为短链烷基苯(烷基碳数分布为 $C_1 \sim C_3$),缩合芳烃在 E_4 和 E_5 的析出量很少。在 E_5 中还析出含量较高的环烷烃,主要是 $C_1 \sim C_5$ 烷基取代的环己烷。同烷烃一样,烷基苯和环烷烃广泛存在于石油当中。SL 中烷基苯类化合物可能是在成煤过程中由烷基环己烷经芳构化产生的。与 XL 和 XLT 相比,SL 的萃取物中检测出的含杂原子的化合物相对含量较少,主要为酮和 NCSs 类化合物,集中在 E_4 和 E_5 中。

在 XL 超声萃取所得 E_1 中烷烃和酮类的相对含量占绝对优势。烷烃主要以正构烷烃为主,而酮类则基本上以正构烷-2-酮的形态存在。石油醚是非极性溶剂,而酮是极性化合物,一方面说明先锋褐煤中游离态的酮类化合物含量很高,另一方面正构烷-2-酮中的烷基部分与石油醚之间存在较强的分子间作用力。E_2 中的酮类化合物也主要以正构烷-2-酮的形态存在。酮类化合物在 E_2 中的含量比在 E_1 中的含量高得多,且 E_2 的收率高于 E_1 的收率,原因可能是酮类化合物中的羰基与溶剂二硫化碳中的 C=S 键具有 π-π 相互作用。通过该作用萃取物中的绝大部分酮在 E_2 中析出。XLT 的 E_1 和 E_2 中酮类化合物的含量也存在类似的规律。SL 的 E_1 中 1-甲基萘的含量最高,酮类的相对含量较低。烷烃和正构烷-2-酮在 GC/MS 中的特征离子质荷比(m/z)分别为 57 和 59。如图 3-4~图 3-6 所示,对三种褐煤萃取所得 E_1 的总离子流色谱图(TIC)分别提取 m/z 57 和 m/z 59 的选择离子流色谱图(SIC),以分析 E_1

中烷烃和正构烷-2-酮的分布。

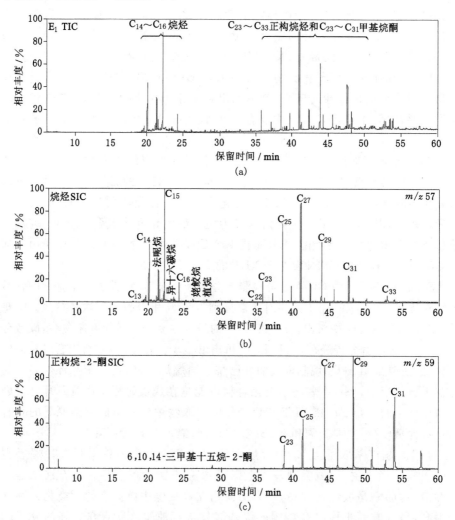

图 3-4 XL 超声萃取所得 E_1 的 TIC 和烷烃与正构烷-2-酮的 SICs

烷烃是指示煤有机地球化学信息的一类重要化合物。如图 3-4～图 3-6 所示，XL、XLT 和 SL 萃取所得 E_1 中的正构烷烃碳数分布范围分别为 C_{13}～C_{33}，C_{14}～C_{33} 和 C_9～C_{35}。碳数小于 13 和大于 33 的正构烷烃只在 SL 的 E_1 中检测出。如图 3-4、图 3-6 和图 3-7 所示，XL 和 SL 的 E_1 中的正构烷烃呈双峰形态分布，前者峰值最高的正构烷烃分别为正十五碳烷和正二十七碳烷，后者峰值最高的正构烷烃分别为正十四碳烷和正二十七碳烷。XLT 的 E_1 中的正构烷烃则呈单峰形态分布，正二十七碳烷的相对含量最高（见图 3-5 和图 3-7）。如图 3-7 所

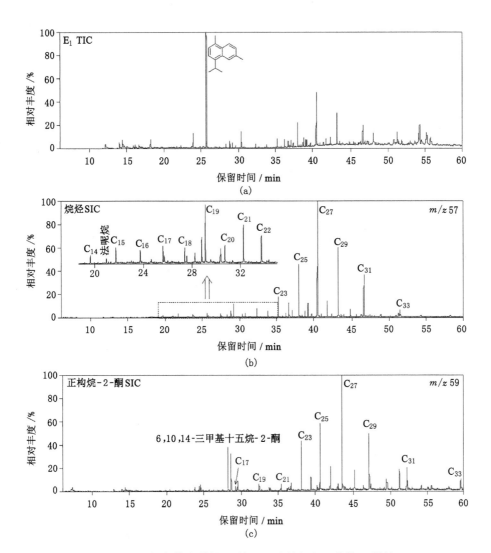

图 3-5　XLT 超声萃取所得 E_1 的 TIC 和烷烃与正构烷-2-酮的 SICs

示,三种褐煤 E_1 中的碳数分布 $C_{23}\sim C_{33}$ 为长链正构烷烃,呈现明显奇数碳优势,即奇数碳的正构烷烃的相对含量明显高于偶数碳的正构烷烃,碳数分布为 $C_{17}\sim C_{22}$ 的正构烷烃的相对含量相比长链正构烷烃较低。这一规律表明陆生植物蜡对三种褐煤有机质的形成作出了重要的贡献[4-5]。产生奇数碳优势的原因可能是褐煤在成岩作用阶段,烷酸和烷醇在弱还原环境中向烷烃转化过程中,脱羧或脱羟基作用超过还原作用,因此产生的奇数碳正构烷烃的含量较高。碳数小于20 的正构烷烃可能来源于细菌和藻类。

褐煤有机质的组成结构特征和温和转化基础研究

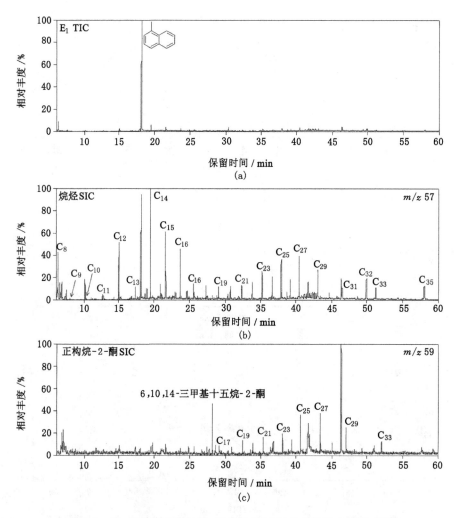

图 3-6　SL 超声萃取所得 E_1 的 TIC 和烷烃与正构烷-2-酮的 SICs

　　类异戊二烯烷烃也是煤中一类重要的生物标记物[6]。如表 3-1 所列,在三种褐煤的 E_1 中检测出的类异戊二烯烷烃包括法呢烷、异十六碳烷、降姥鲛烷、姥鲛烷和植烷。在 E_1 中检测出的类异戊二烯烷烃均为头对尾型(规则型),碳原子数分布在 $C_{15} \sim C_{20}$ 之间,但并未检测到 C_{18} 的同系物。碳数小于等于 20 的类异戊二烯烷烃通常被称为植烷系列化合物,它们可能是高等植物的叶绿素或者菌藻类色素。叶绿素和菌藻类色素在微生物作用下分解出植醇,植醇在褐煤成岩作用过程形成这些类异戊二烯烷烃。类异戊二烯烷烃特别是姥鲛烷和植烷是指示沉积物成岩环境的重要生物标记物。

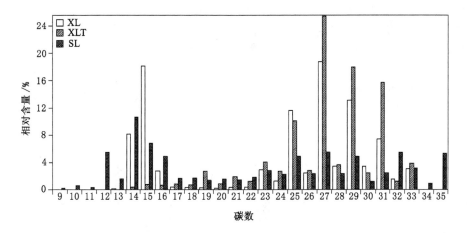

图 3-7　XL、XLT 和 SL 超声萃取所得 E_1 中正构烷烃的分布

表 3-1　三种褐煤 E_1 中检测出的类异戊二烯烷烃

类异戊二烯烷烃	分子式	结构式	E_1		
			XL	XLT	SL
法呢烷	$C_{15}H_{32}$		√	√	√
异十六碳烷	$C_{16}H_{34}$			√	√
降姥鲛烷	$C_{17}H_{36}$		√		√
姥鲛烷	$C_{19}H_{40}$		√	√	√
植烷	$C_{20}H_{42}$		√	√	√

如图 3-4～图 3-6 和图 3-8 所示,在 XL、XLT 和 SL 超声萃取所得 E_1 中检测出一系列正构烷-2-酮类化合物,其碳数分布分别为 $C_{23}\sim C_{32}$、$C_{17}\sim C_{33}$ 和 $C_{17}\sim C_{31}$。碳原子数为 $C_{17}\sim C_{22}$ 的正构烷-2-酮只在 XLT 和 SL 的 E_1 中检测出。除正构烷-2-酮外,在三种褐煤 E_1 中均检测出 6,10,14-三甲基十五烷-2-酮这种类异戊二烯甲基酮。XL、XLT 和 SL 的 E_1 中正构烷-2-酮类化合物均呈单峰形态分布,分别在正二十九烷-2-酮(C_{29})、正二十七-2-酮(C_{27})和正二十七烷-2-酮

（C_{27}）处的相对含量最高。正构烷-2-酮在碳原子个数在 $C_{23}\sim C_{32}$ 区间内呈现明显的奇数碳优势，这与 $C_{23}\sim C_{32}$ 的正构烷烃分布形态相似，推测正构烷-2-酮类化合物可能也是由高等植物中的烷酸和烷醇转化而来的。

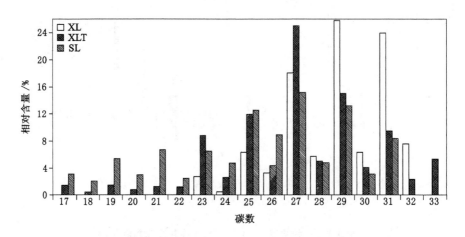

图 3-8　XL、XLT 和 SL 超声萃取所得 E_1 中正构烷-2-酮的分布

　　如图 3-9 所示，正构烷-2-酮在 GC/MS 分析中产生的特征碎片离子的质荷比（m/z）主要为 43、58、59、71 和 85 以及分子离子峰。值得注意的是，碳原子数为 $C_{17}\sim C_{22}$ 的正构烷-2-酮在质谱图中的基峰为 m/z 58，而 $C_{23}\sim C_{33}$ 的正构烷-2-酮在质谱图中的基峰为 m/z 59。如图 3-9 所示，m/z 58 的碎片离子峰归属于分子离子的羰基 γ 位 H 通过六元环空间排列的过渡态迁移至缺电子的羰基并伴随碳骨架 β 断裂的发生，即发生"麦氏重排"。m/z 59 的碎片离子峰则是由分子离子发生麦氏重排过程中产生的烯烃中的 α 位 H 迁移至 m/z 58 的碎片离子产生的，称之为"麦氏＋1 重排"。6,10,14-三甲基十五烷-2-酮可以通过分子离子峰 m/z 268 和特征峰离子 m/z 43、58、71、85 和 250 等进行鉴定。它可能与类异戊二烯类烷烃相似，是由植醇在成岩过程中转化而来的。Tuo 等[7] 在一些不成熟煤的萃取物中检测到一系列正构烷-2-酮类化合物以及 6,10,14-三甲基十五烷-2-酮，推测 XL、XLT 和 SL 可能也是不成熟的煤种。在高等植物蜡中检测到碳原子数为 $C_{23}\sim C_{33}$ 的正构烷-2-酮同样呈现明显的奇数碳优势，在 C_{29} 达到最高[8]，推测褐煤中的正构烷-2-酮可能来源于高等植物蜡。

　　萜类化合物也是煤中重要的生物标记物。萜类化合物的特征离子峰为 m/z 191。对 XL、XLT 和 SL 的 E_1 总离子流色谱图提取 m/z 191 的选择离子流色谱图对萜类化合物进行分析。如表 3-2 所列，在三种褐煤的 E_1 中共检测到 11 种萜类化合物，包括 4 种三环二萜类、2 种藿烷（17βH-三降藿烷和 17βH-降藿

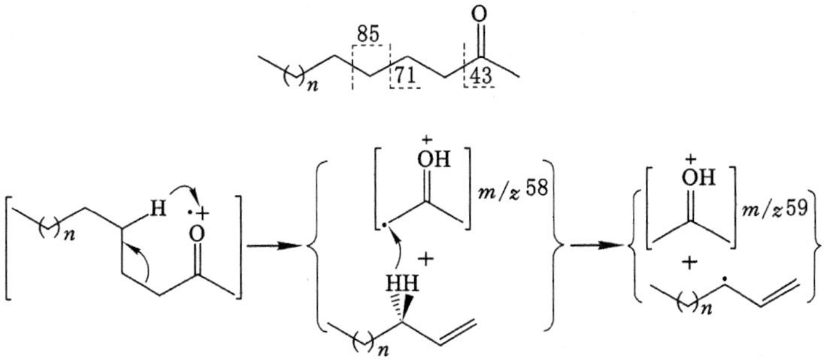

图 3-9 正构烷-2-酮在 GC/MS 分析中产生碎片离子的可能历程

烷)、2 种藿烷烯[藿-22（29）-烯和奥利-18-烯]、1 种藿烷醇（urs-20-烯-16-醇）和 2
种藿烷酮（urs-12-烯-3-酮和 28-降奥利-17-烯-3-酮）。三环二萜类化合物可能来
源于高等植物的树脂。除 18-去甲基松香烷在 SL 的 E_1 中检测出外，其他 3 种
三环二萜类只在 XL 的 E_1 中发现。在 XLT 的 E_1 中未检测到藿烷。在三种褐
煤的 E_1 中均检测出藿-22（29）-烯，而奥利-18-烯只出现在 XLT 的 E_1 中。
urs-12-烯-3-酮和 28-降奥利-17-烯-3-酮只在 XLT 的 E_1 中检测出。

表 3-2 三种褐煤 E_1 中检测出的萜类化合物

萜类	分子式	结构式	E_1		
			XL	XLT	SL
18-去甲基松香烷	$C_{19}H_{34}$	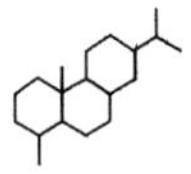			√
C_{20}-三环二萜烷	$C_{20}H_{36}$	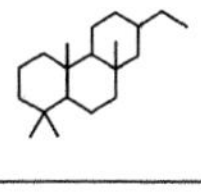	√		
C_{21}-三环二萜烷	$C_{21}H_{38}$	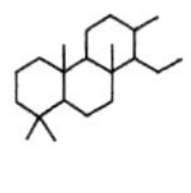	√		
C_{23}-三环二萜烷	$C_{23}H_{42}$	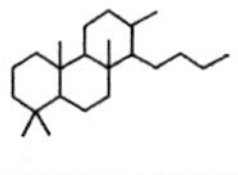	√		
17βH-三降藿烷	$C_{27}H_{46}$	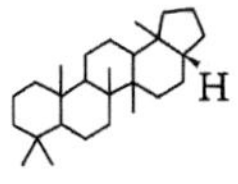	√		

表 3-2(续)

萜类	分子式	结构式	E_1		
			XL	XLT	SL
17βH-降藿烷	$C_{29}H_{50}$		√		√
藿-22(29)-烯	$C_{30}H_{50}$		√	√	√
urs-20-烯-16-醇	$C_{30}H_{50}$		√	√	
奥利-18-烯	$C_{30}H_{50}$			√	
urs-12-烯-3-酮	$C_{30}H_{48}O$			√	
28-降奥利-17-烯-3-酮	$C_{29}H_{46}O$			√	

3.2 超声萃余物的逐级热溶

3.2.1 超声萃余物的元素、FTIR 和 XPS 分析

三种褐煤逐级超声萃取所得萃余物分别用 UER_{XL}、UER_{XLT} 和 UER_{SL} 表示。如表 3-3 所列,与原煤(表 2-1)相比三种萃余物的 C、H 和 O 的含量变化不大,可能是因为超声萃取所得的萃取物收率较低,对其元素组成影响较小。UER_{XL} 与 XL 相比,其 C 含量略有降低,H 含量保持不变,H/C 比略有增加。UER_{XLT} 的 C 和 H 含量和 H/C 比与 XLT 相比均有所降低,而 UER_{SL} 则正好相反。UER_{SL} 的 C、H 含量和 H/C 比均增加的原因可能是 SL 超声萃取所得萃取物中主要以芳烃化合物

为主(图 3-3)。UER_{XL} 和 UER_{XLT} 的 O 含量比原煤略高,而 UER_{SL} 的 O 含量有所降低。相比原煤,UER_{XL} 的 N 有所降低,而 UER_{XLT} 和 UER_{SL} 中的 N 含量升高,可能是因为 XL 中部分 NCSs 容易被萃取出来,而 XLT 和 SL 中萃取物中 NCSs 含量较少。经过萃取,UER_{XL} 和 UER_{XLT} 的 S 含量增加,而 UER_{SL} 的 S 含量则降低。从图 3-3 可以看出,GC/MS 可检测的 SCSs 主要在 SL 的萃取物中析出。

表 3-3 UER_{XL}、UER_{XLT} 和 UER_{SL} 元素分析(质量分数)

样品	元素分析(daf)/%				$S_{t,d}$/%	H/C
	C	H	N	O_{diff}		
UER_{XL}	62.77	6.01	1.61	＞29.15	0.46	1.140 9
UER_{XLT}	68.13	5.45	1.76	＞23.60	1.05	0.953 2
UER_{SL}	69.53	5.55	1.00	＞22.85	1.07	0.951 1

diff:差减法;$S_{t,d}$:全硫(干燥基)。

如图 3-10 所示,UER_{XL}、UER_{XLT} 和 UER_{SL} 的 FTIR 谱图与原煤的 FTIR 谱图(图 3-1)较为相似,同样在 3 300 cm^{-1}(—OH)、2 920 cm^{-1} 和 2 850 cm^{-1}(—CH$_3$ & ＞CH$_2$)、1 600 cm^{-1}(＞C＝C＜)和 1 035 cm^{-1}(C—O—C)等处的吸收峰较强。虽然超声萃取可能会破坏褐煤中的部分非共价键如色散力和较弱的氢键,但萃余物中应该同样存在吸收峰波数在 3 700～2 400 cm^{-1} 区域内的各种类型的氢键。这些氢键以及其他较强的非共价键相互作用力(如 π-π 相互作用)在热溶过程中容易被破坏,从而释放出更多的有机化合物。与原煤相比,

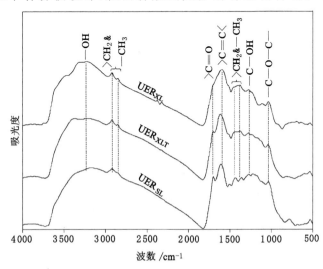

图 3-10 UER_{XL}、UER_{XLT} 和 UER_{SL} 的 FTIR 谱图

UER_{XL}、UER_{XLT} 和 UER_{SL} 中—CH_3 & $>CH_2$ 在 2 920 cm^{-1} 和 2 850 cm^{-1} 伸缩振动吸收峰强度明显变弱，这与褐煤萃取物中含较多脂肪族结构的化合物相一致(图 3-3)。在热溶过程中，醇类溶剂如甲醇、乙醇等能够使萃余物中较弱的 C—O—C(1 035 cm^{-1})发生断裂。

利用 XPS 分析 UER_{XL}、UER_{XLT} 和 UER_{SL} 表面元素组成，表征萃余物表面元素组成形态分布，了解褐煤超声萃取前后表面元素形态的变化[9-12]。如图 3-11 和表 3-4 所示，UER_{XL} 表面的脂肪碳和芳碳的相对含量相比 XL(表 2-4)明显降低，而含氧官能团(C—OH 或 C—O、C＝O 和 COOH)的相对含量明显升高，这可能归因于超声萃取将 XL 表面含丰富脂肪结构的化合物萃取出来(图 3-3)，使得 XL 中的含氧官能团裸露出来。UER_{XLT} 和 UER_{SL} 表面脂肪碳和芳碳以及 C＝O 的相对含量与原煤相比没有明显的变化。经超声萃取，UER_{XLT} 表面 C—OH 或 C—O 的相对含量降低，而 COOH 的相对含量明显增加(XLT 表面未检测到 COOH)。相反 UER_{SL} 经超声萃取后表面 C—OH 或 C—O 相对含量增加而 COOH 含量则降低。

表 3-4 XPS 分析 UER_{XL}、UER_{XLT} 和 UER_{SL} 表面 C、N 和 S 的形态分布

元素峰	结合能/eV	形态	相对含量/%		
			UER_{XL}	UER_{XLT}	UER_{SL}
C 1s	284.8	脂肪碳和芳碳	69.3	71.5	60.6
	286.1±0.1	C—OH 或 C—O	23.3	20.7	29.2
	287.4±0.1	C＝O	4.4	3.9	6.6
	289.1±0.2	COOH	3.0	4.0	3.6
N 1s	398.5±0.2	吡啶氮	6.3	13.9	19.1
	399.5±0.1	氨基氮	25.6	18.0	13.4
	400.5±0.1	吡咯氮	41.1	48.7	33.7
	401.4±0.1	季氮	15.7	4.4	15.5
	402.8	吡啶氧化物	11.4	15.0	18.3
S 2s	162.5±0.1	黄铁矿	15.7	5.3	11.7
	163.3±0.2	脂肪硫	4.7	2.9	1.6
	164.1±0.1	芳硫	15.5	18.5	18.1
	165.6±0.3	亚砜	13.5	15.2	15.4
	168.5±0.1	砜	40.0	19.2	18.3
	170.2±0.3	硫酸盐	10.6	38.9	34.9

如图 3-11 和表 3-4 所示,与原煤一样,UER$_{XL}$、UER$_{XLT}$ 和 UER$_{SL}$ 表面吡咯氮是含量最高的有机氮。相比原煤(表 2-4),经超声萃取三种萃余物表面吡啶的相对含量明显提高,而季氮的相对含量则明显降低。经萃取,UER$_{XL}$ 和 UER$_{SL}$ 表面的氨基氮相对含量略有提高,而吡啶氧化物的含量明显减少。如图 3-11 和表 3-4 所示,经超声萃取,黄铁矿在 UER$_{XLT}$ 表面的相对含量明显降低,而在 UER$_{SL}$ 表面则明显提高;UER$_{XL}$ 和 UER$_{SL}$ 表面的硫酸盐相对含量显著降低,而 UER$_{XLT}$ 表面的硫酸盐相对含量则有所提高。在有机硫中,砜的相对含量最高,相对原煤,UER$_{XL}$、UER$_{XLT}$ 和 UER$_{SL}$ 表面砜的相对含量均明显提高。UER$_{XLT}$ 和 UER$_{SL}$ 表面亚砜的相对含量较原煤也明显提高。UER$_{XL}$ 表面亚砜相对含量有所降低,可能是因为部分亚砜继续被空气氧化生成了砜,导致砜的相对含量大幅度提升。UER$_{XL}$ 表面脂肪硫相对含量略有增加,而芳硫相对含量降

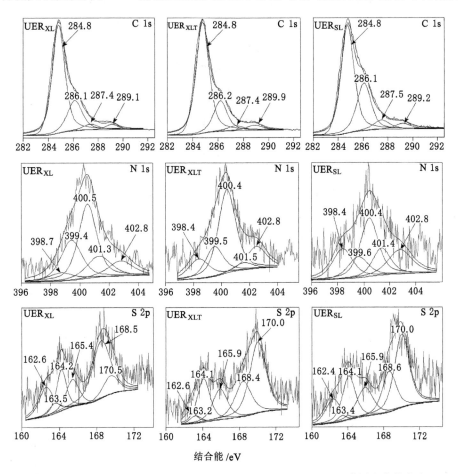

图 3-11　UER$_{XL}$、UER$_{XLT}$ 和 UER$_{SL}$ 的 XPS C 1s、N 1s 和 S 2p 谱图和曲线拟合

低；UER_{SL}表面则脂肪硫相对含量降低，芳硫相对含量增加；UER_{XLT}表面脂肪硫和芳硫的相对含量都降低。

3.2.2 逐级热溶所得可溶物（$E_6 \sim E_{10}$）的收率和 FTIR 分析

热溶可以破坏褐煤中较强的分子间作用力（氢键和 π-π 相互作用），部分较弱的共价键（如—C—O—）在醇类作用下也会发生断裂，从而释放出大量可溶有机分子[13]。如图 3-12 所示，UER_{XL}、UER_{XLT} 和 UER_{SL} 逐级热溶所得 $E_6 \sim E_{10}$ 的总收率分别为 40.2%、55.8% 和 55.0%，明显高于褐煤超声萃取所得 $E_1 \sim E_5$ 的总收率（图 3-1），说明逐级热溶能够较为充分地将褐煤中的可溶有机质溶解出来。$E_6 \sim E_{10}$ 中 E_8 的收率最高，按 $UER_{XL} < UER_{XLT} < UER_{SL}$ 的顺序递增，收率分别为 16.5%，21.6% 和 24.3%。UER_{XLT} 和 UER_{SL} 的 E_9 的收率也较高，分别达到 18.2% 和 14.9%。

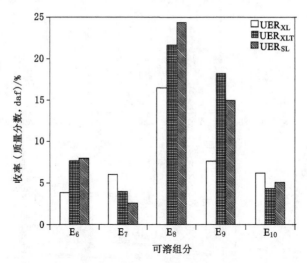

图 3-12　UER_{XL}、UER_{XLT} 和 UER_{SL} 逐级热溶所得 $E_6 \sim E_{10}$ 的收率

如图 3-13 所示，与 $E_1 \sim E_5$ 相似，UER_{XL}、UER_{XLT} 和 UER_{SL} 热溶所得 $E_6 \sim E_{10}$ 的 FTIR 谱图在 2 920 cm^{-1}、2 850 cm^{-1}、1 460 cm^{-1} 和 1 380 cm^{-1} 处有很强的—CH_3 和 >CH_2 的振动吸收峰，表明 $E_6 \sim E_{10}$ 中的有机化合物含丰富的脂肪族结构，这可能是因为褐煤中含脂肪族结构的有机质更容易被溶剂萃取出来。$E_6 \sim E_{10}$ 的 FTIR 谱图均有较强的 >C＝O 振动吸收峰（1 700 cm^{-1} 附近），推测 $E_6 \sim E_{10}$ 中可能含较多酮、酯和羧酸类化合物。$E_6 \sim E_{10}$ 在 1 600 cm^{-1} 附近有较强的 >C＝C< 的振动吸收峰，且吸收强度明显强于 $E_1 \sim E_5$ 在此处的吸收峰（图 3-2），说明褐煤中的芳香族化合物主要在萃余物的逐级热溶过程中析出。芳环

之间的 π-π 相互作用和酚羟基与其他官能团之间的氢键容易在热溶过程中被破坏，从而释放出较多的芳香族化合物，如芳烃和酚类。如图 3-13 所示，大部分热溶可溶物的 FTIR 谱图在 3 350 cm^{-1} 附近有一个宽平的缔合—OH 吸收峰，此外在 1 265 cm^{-1} 附近有较为明显的 C—OH 吸收峰，可能归属于酚类化合物中的—OH。E_6～E_{10} 的 FTIR 谱图在 1 035 cm^{-1} 附近的 C—O—C 吸收峰强度较弱，推测 E_6～E_{10} 中醚类化合物的含量较少。

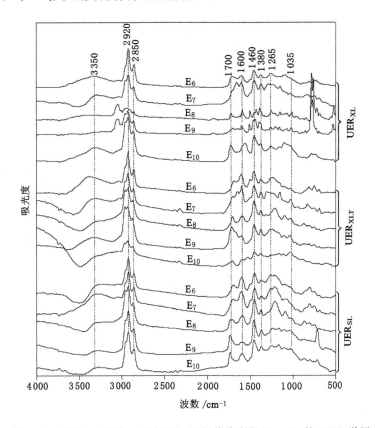

图 3-13　UER$_{XL}$、UER$_{XLT}$ 和 UER$_{SL}$ 逐级热溶所得 E_6～E_{10} 的 FTIR 谱图

3.2.3　E_6～E_{10} 的族组分分析

在 E_8 中未发现任何 GC/MS 可检测的化合物，尽管 E_8 在 UER$_{XL}$ 的 E_6～E_{10} 中收率最高，推测 E_8 主要由大分子或极性较高的的有机化合物组成。如图 3-14 所示，在其他热溶物中 GC/MS 可检测的化合物种类和 E_1～E_5 相似，主要包括链烷烃、环烷烃、链烯烃、环烯烃、烷基苯、缩合芳烃、醇类、酚类、醛类、酮类、

褐煤有机质的组成结构特征和温和转化基础研究

羧酸、烷酸酯、苯羧酸酯、NCSs 和 SCSs。

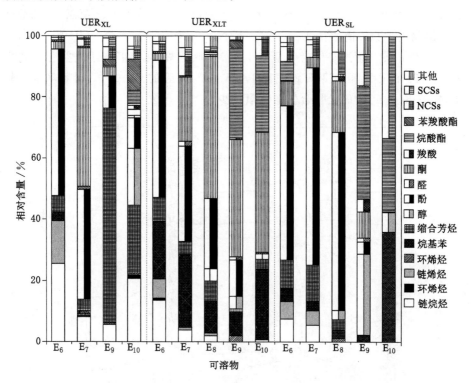

图 3-14　GC/MS 分析 UER$_{XL}$、UER$_{XLT}$ 和 UER$_{SL}$ 逐级热溶所得 E$_6$～E$_{10}$ 的族组成分布

　　如图 3-14 所示，烷烃在 UER$_{XL}$ 的四级热溶物中均检测出，在 E$_6$ 和 E$_{10}$ 中的相对含量超过 20％。UER$_{XLT}$ 和 UER$_{SL}$ 逐级热溶析出的烷烃主要集中在 E$_6$ 和 E$_7$ 中且相对含量较低。褐煤中的部分烷烃可能束缚在大分子网络结构中，难以在超声条件下被萃取出来。热溶能够破坏褐煤中的非共价键，大分子网络结构变得松弛，从而使得有机溶剂能够将这部分被束缚的烷烃溶解出来。热溶物中的烯烃主要在 E$_6$ 中析出，可能是因为非极性溶剂对烯烃具有较好的溶解性。缩合芳烃主要在 UER$_{XL}$ 的热溶物中析出（在 E$_9$ 中的相对含量最高）。UER$_{XLT}$ 和 UER$_{SL}$ 热溶物中析出的芳烃主要为烷基苯类化合物，而缩合芳烃的含量较少。

　　UER$_{XL}$ 热溶物中的醇类主要在 E$_{10}$ 中析出，醇类化合物在 UER$_{XLT}$ 和 UER$_{SL}$ 的 E$_8$～E$_{10}$ 中均被检测出。在褐煤的超声萃取物中，酚类只在 XLT 的 E$_1$ 和 E$_2$ 中析出（图 3-3），说明 XLT 中含有一些游离态的酚，而 XL 和 SL 中几乎不含游离态的酚。如图 3-14 所示，除 UER$_{XLT}$ 和 UER$_{SL}$ 的 E$_{10}$ 外，超声萃余物其他各级热溶物中都检测出酚类，这些事实表明褐煤中的酚类可能以强的非共价键（包括氢键和

π-π作用力)与某些成分作用或者其前驱体是与大分子基团通过较弱的共价键结合的苯氧基。酮类化合物也在各级热溶物中析出。UER_{XL} 的 E_7 中析出的酮类含量很高,是 E_7 中含量最高的成分。UER_{XLT} 热溶析出的酮类在 $E_7 \sim E_{10}$ 中的相对含量都比较高。UER_{SL} 热溶物中的酮类相对含量较低,主要集中在 $E_6 \sim E_9$ 中。UER_{XL} 的热溶物中析出的酯类主要集中在 E_{10} 中,苯羧酸酯的含量高于烷酸酯。UER_{XLT} 和 UER_{SL} 热溶析出的酯类主要在 E_9 和 E_{10} 中被检测出,且以烷酸酯的含量占绝对的优势。在超声萃余物的大部分热溶物中均检测出 NCSs 和 SCSs。

3.2.4 热溶物中的碳氢化合物

链烷烃主要在 UER_{XL}、UER_{XLT} 和 UER_{SL} 热溶物的 E_6 中被检测出(图 3-14)。因此,对三种萃余物的 E_6 的 TICs 提取烷烃的 SICs 以分析链烷烃的分布。如图 3-15~图 3-17 所示,UER_{XL}、UER_{XLT} 和 UER_{SL} 第一级热溶物(E_6)中正构烷烃的碳原子数分布范围分别为 $C_{13} \sim C_{33}$、$C_{10} \sim C_{33}$ 和 $C_{12} \sim C_{33}$。其他各级热溶物中析出的正构烷烃的碳原子个数也分布在这些范围之内。不同于褐煤超声萃取物中的正构烷烃,三种萃余物热溶物 E_6 中的正构烷烃没有明显的奇数碳优势。UER_{XL} 和 UER_{SL} 的 E_6 中的正构烷烃也没有呈现双峰形态分布。在 UER_{XL} 和 UER_{XLT} 的 E_6 中也检测出法呢烷、降姥鲛烷、姥鲛烷和植烷等类异戊二烯烷烃。UER_{SL} 的 E_6 中只检测出法呢烷和降姥鲛烷两种类异戊二烯烷烃。

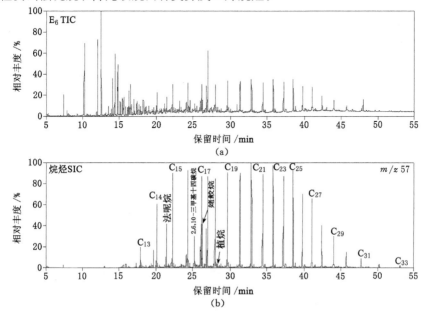

图 3-15　UER_{XL} 逐级热溶所得 E_6 的 TIC 和烷烃的 SIC

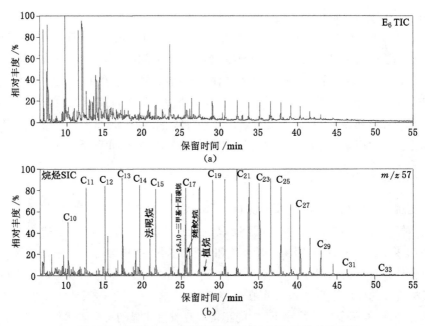

图 3-16　UER$_{XLT}$逐级热溶所得 E$_6$ 的 TIC 和烷烃的 SIC

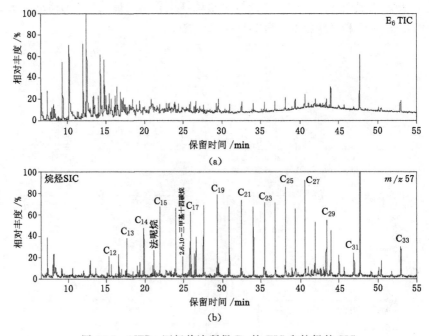

图 3-17　UER$_{SL}$逐级热溶所得 E$_6$ 的 TIC 和烷烃的 SIC

　　如图 3-14 所示,热溶物中的链烯烃的含量明显高于环烯烃,主要在 E_6 中析出。链烯烃的质谱特征峰离子的质荷比(m/z)主要有 41、55、69、83 和 97。对 UER_{XL}、UER_{XLT} 和 UER_{SL} 的 E_6 的 TICs 提取 m/z 97 的 SICs,分析热溶物中链烯烃的分布(图 3-8)。如图 3-18 所示,在 E_6 中检测出三个系列的正构烷烃:1-烯烃、2-烯烃和 3-烯烃。对于碳原子数相同的正构烯烃同分异构体,三种正构烯烃按 1-烯烃、2-烯烃和 3-烯烃的顺序先后洗脱出来。同样地,它们的相对含量也按这个顺序递减。UER_{XL}、UER_{XLT} 和 UER_{SL} 的 E_6 中 1-烯烃的碳数分布范围分别为 $C_{13} \sim C_{29}$、$C_{11} \sim C_{29}$ 和 $C_{14} \sim C_{29}$;2-烯烃碳数分布范围分别为 $C_{13} \sim C_{29}$、$C_{12} \sim C_{29}$ 和 $C_{18} \sim C_{29}$。UER_{XL} 和 UER_{XLT} 的 E_6 中 3-烯烃的碳数分布范围均为 $C_{17} \sim C_{29}$,而 UER_{SL} 的 E_6 中未检测到 3-烯烃。关于煤中长链正构烯烃的鉴定鲜有报道。

　　如图 3-19 所示,在 UER_{XL} 的 E_6 中检测出三个系列的长链烷基苯类化合物,包括正构长链烷基苯、o-正构长链烷基甲苯和正构长链烷基对二甲苯。它们的碳原子数分布分别为 $C_{12} \sim C_{32}$、$C_{13} \sim C_{31}$ 和 $C_{15} \sim C_{28}$,对应烷基侧链的碳原子数分别为 $C_6 \sim C_{26}$、$C_6 \sim C_{24}$ 和 $C_7 \sim C_{20}$。长链烷基苯 GC/MS 质谱图中的基峰为 m/z 92,是烷基侧链 γ-H 发生麦氏重排转移到芳环上并发生 β-断裂产生的离子。丰度第二强的离子为 m/z 91,是烷基侧链 β 位 C—C 键发生断裂产生的苯亚甲基离子。o-正构长链烷基甲苯和长链烷基对二甲苯 GC/MS 质谱图中的基峰分别为 m/z 105 和 m/z 1 119,同样是麦氏重排产生的碎片离子。通过分子离子峰可以确定长链烷基苯、o-长链烷基甲苯和长链烷基对二甲苯的碳原子数。如图 3-20 和图 3-21 所示,在 UER_{XLT} 和 UER_{SL} 的 E_6 中同样检测到正构长链烷基苯和 o-正构长链烷基甲苯,但并未发现正构长链烷基对二甲苯。UER_{XLT} 和 UER_{SL} 的 E_6 中长链烷基苯和 o-长链烷基甲苯的碳原子数分布范围相同,均分别为 $C_9 \sim C_{32}$ 和 $C_{13} \sim C_{31}$,对应烷基侧链的碳数分别为 $C_3 \sim C_{26}$ 和 $C_6 \sim C_{24}$。值得注意的是,UER_{XL} 的 E_6 中的长链烷基苯呈现正态分布,碳原子数为 $C_{14} \sim C_{24}$ 的长链烷基苯相对丰度最高(图 3-19),而 UER_{XLT} 和 UER_{SL} 的 E_6 中碳数大于 10 的长链烷基苯的相对丰度随碳数的增加逐渐降低(图 3-20 和图 3-21)。三种萃余物的 E_6 中的 o-长链烷基甲苯和长链烷基对二甲苯的相对含量总体上随碳数的增加逐渐降低。长链烷基苯类化合物同样在 E_7 中析出,其在 E_7 中的分布和 E_6 相似。$E_8 \sim E_{10}$ 中的烷基,苯主要为短链烷基苯,如甲苯、二甲苯、乙基苯、三甲苯和甲基乙基苯等。

　　长链烷基苯类化合物的热解可能是低温焦油中烷烃、烯烃和苯族烃的来源之一。长链烷基苯类化合物早已在煤[14]和煤层蜡[15]中检测到,它们为煤有机地球化学提供重要的信息。Dong 等[15]认为长链烷基苯的生源前驱体可能和烷

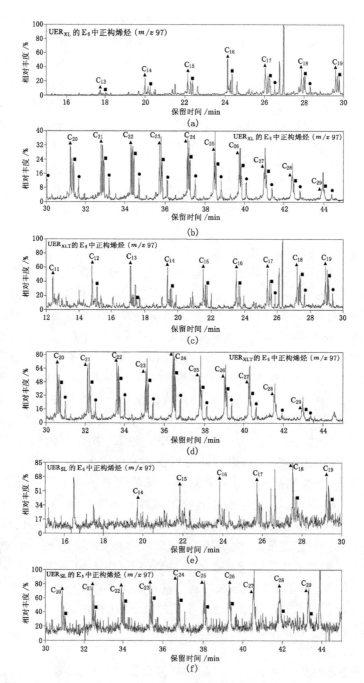

图 3-18　UER$_{XL}$、UER$_{XLT}$ 和 UER$_{SL}$ 逐级热溶所得 E$_6$ 中正构烯烃的 SICs

（▲、■ 和 ● 标记的峰分别表示 1-烯烃、2-烯烃和 3-烯烃）

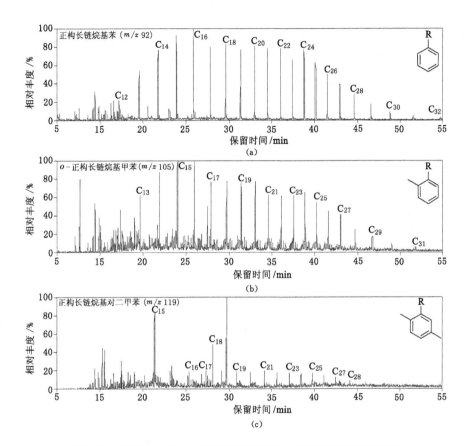

图 3-19　UER$_{XL}$ 的 E$_6$ 中正构长链烷基苯、o-正构长链烷基甲苯和
正构长链烷基对二甲苯的 SICs

烃相似，可能来源于高等陆生植物。褐煤中的正构烷烃可能主要来源于高等植物蜡。尽管如此，高等植物中的正构烷酸在煤化作用过程中发生脱酸反应可能是正构烷烃的另一种来源。类异戊二烯烷烃特别是姥鲛烷和植烷可能是由植醇经氧化和脱羧反应或叶绿素经水解产生的。Dong 等[15]认为长链烷基苯类化合物来自于正构烷酸和烷醇类化合物。本研究提出了类似的褐煤煤化作用过程中由正构烷酸在产生长链烷基苯的可能机理。如图 3-22 所示，正构烷酸可能首先经加氢还原反应产生 α-正碳离子。α-正碳离子经环化作用形成正构长链烷基环己烷。烷基环己烷进一步经芳构化作用最终生成正构长链烷基苯。另一方面，正构烷酸产生的 α-正碳离子可能经 H$^+$ 迁移形成 α-正碳离子。α-正碳离子经环化作用和 α-甲基重排及进一步芳构化作用产生 o-正构长链烷基甲苯。α-正碳离子也可能经碳正离子异构化作用形成叔碳正离子。叔碳正离子同样经环化

褐煤有机质的组成结构特征和温和转化基础研究

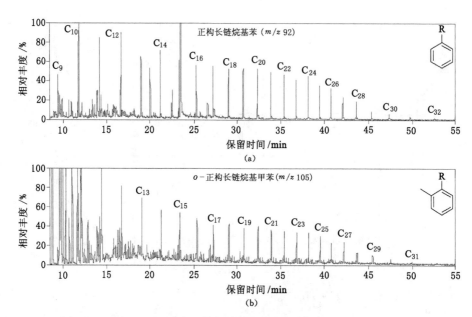

图 3-20　UER$_{XLT}$ 的 E$_6$ 中正构长链烷基苯和正构长链烷基甲苯的 SICs

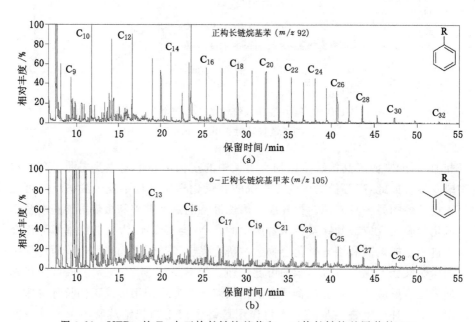

图 3-21　UER$_{XL}$ 的 E$_6$ 中正构长链烷基苯和 o-正构长链烷基甲苯的 SICs

和 α-甲基重排及芳构化作用形成正构长链烷基对二甲苯。

褐煤中的缩合芳烃之间以 π-π 相互作用结合,热溶过程中 π-π 相互作用被

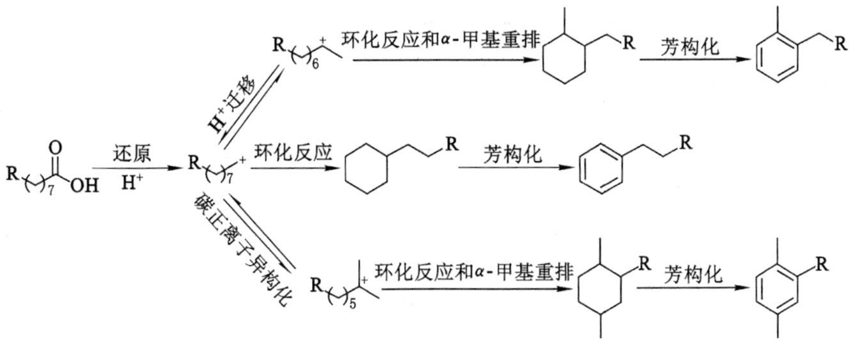

图 3-22　煤化作用过程中由正构烷酸产生长链烷基苯的可能历程

释放,从而析出缩合芳烃。如图 3-14 所示,除 UER_{SL} 的 E_9 和 E_{10} 外,其他各级热溶物中均检测到缩合芳烃。UER_{XL} 热溶析出的缩合芳烃主要集中在 E_9 和 E_{10} 中,且在这两级热溶物中的相对含量很高。UER_{XLT} 和 UER_{SL} 热溶物中的缩合芳烃的相对含量较低。热溶物中析出的缩合芳烃含 2～4 个环,从茚到芘及其甲基取代物分布。环数大于 5 的缩合芳环可能主要存在于大分子骨架结构中而难以被溶解出来。各级热溶物中的缩合芳烃以萘及烷基萘的相对含量最高。烷基萘的烷基碳原子数分布为 C_1～C_4。

3.2.5　热溶物中的含氧化合物

热溶物中的含氧化合物主要包括醇、酚、醛、酮、羧酸、烷酸酯和苯羧酸酯类化合物。如图 3-14 所示,UER_{XL} 热溶析出的醇类化合物主要集中在 E_{10} 中,而 UER_{SL} 热溶物中的醇类主要在 E_9 中析出。UER_{XLT} 热溶物中析出的醇类较少。如表 3-5 所示,UER_{XL} 的 E_{10} 中检测出的醇种类较多,主要包括 C_6 和 C_7 的烷醇、C_4～C_7 的烷二醇、C_6～C_8 的烯醇和 5 种苯基烷醇,而 UER_{SL} 的 E_9 中仅析出 7 种醇类化合物。

表 3-5　UER_{XL} 的 E_{10} 和 UER_{SL} 的 E_9 中检测出的醇类

醇类	分子式	UER_{XL} 的 E_{10}	UER_{SL} 的 E_9
2-乙基-1-丁醇	$C_6H_{14}O$	√	√
3-甲基-1-戊醇	$C_6H_{14}O$	√	
(Z)-3-己烯-1-醇	$C_6H_{12}O$	√	√
(Z)-3-己烯-1-醇	$C_6H_{12}O$	√	√

表 3-5(续)

醇类	分子式	UER$_{XL}$ 的 E$_{10}$	UER$_{SL}$ 的 E$_9$
2-甲基-2-戊烯-1-醇	$C_6H_{12}O$		√
1,3-丁二醇	$C_4H_{10}O_2$	√	
1-己醇	$C_6H_{14}O$		√
2-庚醇	$C_7H_{16}O$	√	
5-甲基-5-己烯-2-醇	$C_7H_{14}O$	√	
4-甲基-1-己醇	$C_7H_{16}O$	√	
3-甲基环己醇	$C_7H_{14}O$	√	
1-庚醇	$C_7H_{16}O$	√	
1,4-戊二醇	$C_5H_{12}O_2$	√	
(Z)-4-庚烯-1-醇	$C_7H_{14}O$	√	
2-(2-戊氧基)乙醇	$C_7H_{16}O_2$		√
3-环己烯基甲醇	$C_7H_{12}O$	√	
2-甲基-2-丙基-1,3-丙二醇	$C_7H_{16}O_2$	√	
苯甲醇	C_7H_8O	√	
(E)-3-辛烯-1-醇	$C_8H_{16}O$	√	
3,7-二甲基-3-辛烯-1-醇	$C_{10}H_{20}O$		√
(4-甲基环-3-己烯基)甲醇	$C_8H_{14}O$	√	
3-甲基-1,5-戊二醇	$C_6H_{14}O_2$	√	
2-苯基乙醇	$C_8H_{10}O$	√	
p-苯甲基甲醇	$C_8H_{10}O$	√	
o-苯甲基甲醇	$C_8H_{10}O$	√	
3-苯基-1-丙醇	$C_9H_{12}O$	√	

如图 3-14 所示,酚类在 3 种超声萃余物的 E$_6$ 和 E$_7$ 中的相对含量均比较高。环己烷和苯的化学性质较为稳定,在热溶过程中应该不会参与反应而破坏褐煤中的共价键。因此,E$_6$ 和 E$_7$ 中的酚类可能是强的非共价键被破坏而产生的。Lu 等[16]认为在高温下低碳醇可以作为亲核试剂进攻褐煤结构中的这些—C—O—键,产生酚类等含氧有机小分子。因此,E$_8$～E$_{10}$ 中的酚类可能是热溶过程中甲醇、乙醇和异丙醇进攻连接酚前驱体和大分子基团的—C—O—而形成的。UER$_{XLT}$ 和 UER$_{SL}$ 的 E$_{10}$ 中并未检测出酚类化合物,可能是绝大部分酚类已经在前几级热溶物中析出。UER$_{XL}$ 热溶析出的酚类主要集中在 E$_6$ 和 E$_7$ 中,推

测 XL 中的酚类主要以氢键和作用力相互结合,而由连接苯氧基中—C—O—断裂产生的酚较少。UER$_{XLT}$ 和 UER$_{SL}$ 的 E$_6$ 和 E$_7$ 中酚类的相对含量也很高,说明 XLT 和 SL 中也存在较多以非共价键相互作用结合的酚类。UER$_{XLT}$ 和 UER$_{SL}$ 的 E$_8$ 中酚类的相对含量也比较高,其中 UER$_{SL}$ 的 E$_8$ 中酚类的相对含量接近 60%。甲醇在热溶过程中能够破坏连接苯氧基和大分子网络骨架结构的—C—O—,生产酚类化合物,推测 XLT 和 SL 相比,XLT 含较多与大分子网络结构相连接的苯氧基结构。UER$_{XL}$、UER$_{XLT}$ 和 UER$_{SL}$ 逐级热溶物中检测出的酚类以苯酚和烷基苯酚为主,烷基的碳数分布为 C$_1$～C$_7$,烷基主要包括甲基、乙基、丙基、异丙基和特丁基等,其中以甲基为主。苯酚、C$_1$-苯酚(邻甲酚、间甲酚和对甲酚)和 C$_2$-苯酚(二甲基苯酚和乙基苯酚)的含量最高。此外,在热溶物中还检测到少量甲氧基取代的苯酚、茚酚和烷基萘酚。酚类是制备许多化工产品的重要原料,在诸多领域中有广泛的应用。它们也可以从煤液化、热解、气化和焦化产生的液体产物中分离[17]。

如图 3-14 所示,UER$_{XL}$ 热溶析出的酮类主要存在于 E$_7$ 中,是 E$_7$ 中含量最高的化合物;酮类在 UER$_{XLT}$ 热溶所得 E$_7$～E$_{10}$ 中含量均比较高;UER$_{SL}$ 热溶物中的酮类含量较低,在 E$_6$～E$_9$ 中均被检测出。热溶物中的酮类主要包括链烷酮(主要为正构烷-2-酮)、链烯酮、环烷酮(主要为烷基环戊烷酮和烷基环己烷酮)、环烯酮(主要为烷基环戊烯酮和烷基环己烯酮)、苯基烷酮、烷基二氢茚酮和烷基二氢萘酮,其中环烯酮的种类和相对含量最高。例如,在 UER$_{XL}$ 的 E$_7$ 中,所有 GC/MS 可检测化合物中,2,5,5-三甲基环己-2-烯酮的相对含量达到 35%,其他酮类的相对含量较低。在 UER$_{XLT}$ 的 E$_7$ 中检测出的酮类中 4,4,6-三甲基环己-2-烯酮的相对含量最高(13.5%),其次是 3,5,5-三甲基环己-2-烯酮。如表 3-6 所列,正构烷-2-酮类化合物主要在 UER$_{XL}$ 和 UER$_{XLT}$ 的 E$_6$ 中析出,而 UER$_{SL}$ 热溶物中未检测到正构烷-2-酮类化合物。UER$_{XL}$ 的 E$_6$ 中检测出的正构烷-2-酮包括壬烷-2-酮(C$_9$)、正十一烷-2-酮(C$_{11}$)和它们的碳原子数为 C$_{15}$～C$_{29}$ 的同系物。碳原子数 C$_{15}$～C$_{29}$ 的正构烷-2-酮也在 UER$_{XL}$ 的 E$_7$ 中析出。UER$_{XLT}$ 的 E$_6$ 中析出的正构烷-2-酮包括正十五烷-2-酮、正十八烷-2-酮、正十九烷-2-酮和碳原子数在 C$_{22}$～C$_{29}$ 范围内连续分布的正构烷-2-酮。除正构烷-2-酮外,6,10,14-三甲基十五烷-2-酮也在 UER$_{XL}$ 和 UER$_{XLT}$ 的 E$_6$ 中被检测出。正构烷-2-酮可能是褐煤中对应的正构烷烃在煤化作用过程中经微生物介质发生氧化形成的,或者是高等植物中的正构烷烃在混入褐煤之前经微生物氧化形成的。部分正构烷-2-酮也可能是由对应正构烷酸经氧化和后续脱羧反应产生的。研究表明,6,10,14-三甲基十五烷-2-酮可能是由植醇经细菌降解作用和光敏氧化产生的,或者是由褐煤中的姥鲛烷和植烷在煤化作用过程中经光敏氧化形成的[7]。

表 3-6 UER$_{XL}$ 和 UER$_{XLT}$ 的 E$_6$ 中检测到正构烷-2-酮

正构烷-2-酮	分子式	UER$_{XL}$ 的 E$_6$	UER$_{XLT}$ 的 E$_6$
壬烷-2-酮	$C_9H_{18}O$	√	
正十一烷-2-酮	$C_{11}H_{22}O$	√	
正十五烷-2-酮	$C_{15}H_{30}O$	√	√
正十六烷-2-酮	$C_{16}H_{32}O$	√	
正十七烷-2-酮	$C_{17}H_{34}O$	√	
正十八烷-2-酮	$C_{18}H_{36}O$	√	√
正十九烷-2-酮	$C_{19}H_{38}O$	√	
正二十烷-2-酮	$C_{20}H_{40}O$	√	
正二十一烷-2-酮	$C_{21}H_{42}O$	√	
正二十二烷-2-酮	$C_{22}H_{44}O$	√	√
正二十三烷-2-酮	$C_{23}H_{46}O$	√	
正二十四烷-2-酮	$C_{24}H_{48}O$	√	√
正二十五烷-2-酮	$C_{25}H_{50}O$	√	
正二十六烷-2-酮	$C_{26}H_{52}O$	√	
正二十七烷-2-酮	$C_{27}H_{54}O$	√	
正二十八烷-2-酮	$C_{28}H_{56}O$	√	
正二十九烷-2-酮	$C_{29}H_{58}O$	√	√

如图 3-14 所示,热溶物中 GC/MS 可检测的羧酸含量较低,一方面可能是热溶析出的羧酸较少,另一方面可能是羧酸的极性太高,难以被 GC/MS 所检测到。在 UER$_{XL}$ 和 UER$_{XLT}$ 的热溶物中几乎未检测到羧酸类化合物,而 UER$_{SL}$ 热溶析出的羧酸主要集中 E$_8$ 和 E$_9$ 中,E$_9$ 中羧酸的含量相对较高。如表 3-7 所列,UER$_{SL}$ 的 E$_8$ 中析出的羧酸为两种异丙基苯甲酸和 4-丙基苯甲酸。E$_9$ 中检测出的羧酸包括两种烷基苯甲酸(4-丙基苯甲酸和 4-特丁基苯甲酸)、两种羟基癸酸(2-羟基癸酸和 3-羟基癸酸)和 2,5-二甲基-4-己烯酸。E$_8$ 和 E$_9$ 用的溶剂分别为甲醇和乙醇。甲醇和乙醇中的氧作为亲核试剂在热溶过程中进攻褐煤中的—C$_{acyl}$—O—键,从而产生羧酸类化合物[16]。

表 3-7 UER$_{SL}$ 的 E$_8$ 和 E$_9$ 中检测到的羧酸

羧酸	分子式	E$_8$	E$_9$
2,5-二甲基-4-己烯酸	$C_8H_{14}O_2$		√
4-异丙基苯甲酸	$C_{10}H_{12}O_2$	√	
4-丙基苯甲酸	$C_{10}H_{12}O_2$	√	√

表 3-7(续)

羧酸	分子式	E_8	E_9
3-异丙基苯甲酸	$C_{10}H_{12}O_2$	√	
4-特丁基苯甲酸	$C_{11}H_{14}O_2$		√
2-羟基癸酸	$C_{10}H_{20}O_3$		√
3-羟基癸酸	$C_{10}H_{20}O_3$		√

如图 3-14 所示,萃余物热溶析出的酯类包括烷酸酯和苯羧酸酯。UER_{XL} 热溶析出的酯类主要集中在 E_{10} 中,且苯羧酸酯的含量大于烷酸酯。其中烷酸酯主要为链烷酸乙酯($C_8 \sim C_{11}$ 链烷酸乙酯、棕榈酸乙酯和硬脂酸乙酯)和链烯酸乙酯;苯羧酸酯以 $C_1 \sim C_3$ 烷基取代的苯甲酸乙酯为主。UER_{XLT} 和 UER_{SL} 热溶析出的酯类中烷酸酯占绝对优势(UER_{SL} 热溶物中未检测出苯羧酸酯),且主要在 E_9 和 E_{10} 中被检测出。UER_{XLT} 和 UER_{SL} 的 E_9 中析出的烷酸酯主要为碳原子数小于等于 10 的链烷酸乙酯和链烯酸乙酯,也检测到一些甲酯类化合物。UER_{XLT} 的 E_{10} 中的烷酸酯也主要为碳原子数小于等于 10 的链烷酸乙酯、链烷酸异丙酯和链烯酸乙酯,而 UER_{SL} 的 E_{10} 中的烷酸酯主要为碳原子数小于等于 10 链烷酸异丙酯。E_9 和 E_{10} 中的链烷酸乙酯和链烯酸乙酯可能是热溶过程中析出对应的链烷酸和链烯酸和溶剂乙醇发生酯化反应产生的,E_{10} 中链烷酸异丙酯则可能是由链烷酸和异丙醇发生酯化反应生成的。如图 3-14 所示,在 UER_{SL} 的 E_6 中也检测出一定量的链烷酸。如图 3-23 所示,这些链烷酸为正构长链烷酸,包括正十五烷酸和碳原子数为 $C_{25} \sim$ C_{31} 连续分布的正构长链烷酸。在热溶过程中环己烷不参与反应,因此 UER_{SL} 的 E_6 中检测出的正构长链烷酸应该是 SL 中固有存在的,在热溶过程中析出并溶于环己烷中。值得注意的是,碳原子数为 $C_{25} \sim C_{31}$ 的正构长链烷酸呈现明显的奇数碳优势,推测它们可能也来源于成煤高等植物。

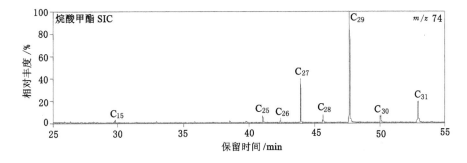

图 3-23　UER_{SL} 逐级热溶所得 E_6 中烷酸甲酯的 SIC

3.2.6 热溶物中的 NCSs

褐煤中的有机氮在褐煤直接燃烧或者传统转化过程中会以 NO_x 的形式释放到空气中,造成严重的环境污染。因此从分子水平了解褐煤中有机氮的赋存形态对褐煤脱氮起着重要的作用,有利于实现褐煤高效洁净利用。褐煤超声萃取物中 NCSs 的种类和含量较少,推测褐煤中的大部分 NCSs 以强的非共价键或者共价键束缚在褐煤的网络结构中。部分 NCSs 会在热溶过程中析出。如图 3-24 所示,热溶过程析出的 NCSs 含量按 $UER_{XL} > UER_{XLT} > UER_{SL}$ 顺序依次递减,UER_{XL} 逐级热溶析出的 NCSs 含量显著高于后两者,推测可能 UER_{XL} 中含更多以非共价键或者较弱共价键结合于褐煤大分子网络骨架中的 NCSs。UER_{SL} 热溶物中 NCSs 的含量相对较低,可能与 UER_{SL} 中含较少有机氮有关(表 3-3)。UER_{XL} 热溶析出的 NCSs 主要存在于 E_7 和 E_9 中,E_6 中析出的 NCSs 含量较低,而 UER_{XLT} 和 UER_{SL} 热溶物的 NCSs 在 E_6 和 E_7 中的含量最高。

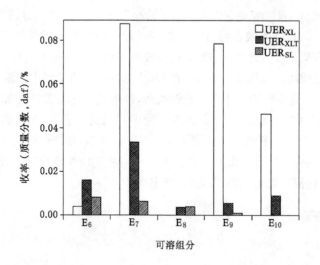

图 3-24 UER_{XL}、UER_{XLT} 和 UER_{SL} 热溶所得 $E_6 \sim E_{10}$ 中 NCSs 的总收率

如图 3-25 所示,各级热溶物中的 NCSs 主要分为吡啶类、喹啉类、苯并咪唑类、胺类和其他 NCSs。三种超声萃余物热溶所得各类 NCSs 的含量差异明显,说明三种褐煤中有机氮的分布形态存在明显差异。UER_{XL} 热溶物中含量最高的一类 NCSs 为吡啶类化合物,其次是喹啉类,推测 XL 中的有机氮主要以吡啶环的形态

存在。各类 NCSs 含量按吡啶类＞喹啉类＞苯并咪唑类＞其他 NCSs＞胺类的顺序递减,与 UER$_{XL}$ 表面有机氮的赋存形态存在明显差异(表 3-4 和图 3-11)。吡啶类化合物中,烷基吡啶的含量最为丰富,主要的烷基包括甲基、乙基、丙基和异丙基。UER$_{XL}$ 热溶物中喹啉类化合物的含量也较高,包括喹啉和烷基取代喹啉,其中烷基包括甲基、乙基和异丙基。苯并咪唑类化合物是 UER$_{XLT}$ 和 UER$_{SL}$ 热溶物中含量最高的一类 NCSs,主要以烷基取代苯并咪唑为主,烷基也主要包括甲基、乙基和异丙基。不同于 UER$_{XL}$ 热溶物,UER$_{XLT}$ 和 UER$_{SL}$ 热溶物中吡啶类化合物的烷基主要为甲基和乙基,取代基最多含 3 个甲基。热溶物中的胺类化合物包括芳胺和脂肪胺类化合物。

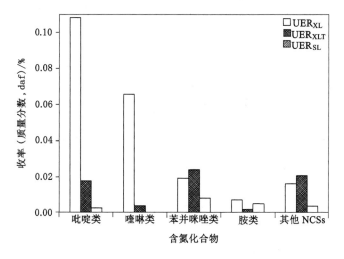

图 3-25 　UER$_{XL}$、UER$_{XLT}$ 和 UER$_{SL}$ 热溶所得各类 NCSs 的收率

　　利用 GC/MS 在 UER$_{XL}$ 的 E$_8$ 中未检测到任何有机化合物,推测 UER$_{XL}$ 的 E$_8$ 中绝大部分化合物不易挥发或者极性较高,难以被 GC/MS 检测出。如图 3-26所示,利用 ASAP/TOF-MS 分析 E$_8$,在其中检测出一系列相对分子质量大于 300 的化合物,这些化合物可能相对分子质量太高或者极性太强而难以被 GC/MS 检测出。如表 3-8 所列,对 ASAP/TOF-MS 谱图中的离子匹配分子式,UER$_{XL}$ 的 E$_8$ 中检测出 12 种分子质量分布在 283～683 u 之间的 NCSs,均含有氧或者硫原子,可能导致它们难以挥发或者极性较高。这些 NCSs 在 ASAP/TOF-MS 分析中的准分子离子($[M+H]^+$)的质量和匹配到的分子式的理论质量之间的误差小于 $1.5×10^{-6}$。

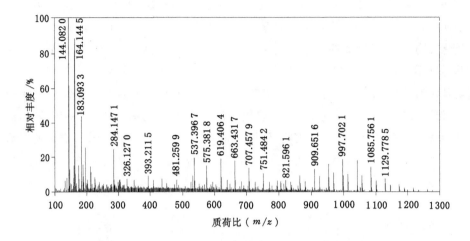

图 3-26　ASAP/TOF-MS 分析 UER$_{XL}$ 的 E$_8$ 所得质谱图

表 3-8　用 ASAP/TOF-MS 分析在 UER$_{XL}$ 的 E$_8$ 检测出的 NCSs

分子式	[M+H]$^+$		误差/10^{-6}
	测定质量/u	理论质量/u	
C$_{18}$H$_{21}$NS	284.147 1	284.147 3	−1.35
C$_{12}$H$_{23}$NO$_7$S	326.127 0	326.127 3	−0.54
C$_{28}$H$_{28}$N$_4$O	437.236 6	437.234 1	0.23
C$_{26}$H$_{28}$N$_{10}$	481.259 9	481.257 7	−0.11
C$_{27}$H$_{36}$N$_6$O$_5$	525.285 2	525.282 5	0.90
C$_{33}$H$_{46}$N$_4$S	531.351 7	531.352 1	−0.68
C$_{32}$H$_{46}$N$_8$O$_2$	575.381 8	575.382 2	0.62
C$_{28}$H$_{54}$N$_2$O$_{11}$	595.380 6	595.380 4	−0.58
C$_{33}$H$_{54}$N$_4$O$_7$	619.406 4	619.407 1	−0.23
C$_{43}$H$_{50}$N$_4$O	639.408 5	639.406 3	0.82
C$_{47}$H$_{54}$N$_2$O	663.431 7	663.431 4	−1.31
C$_{45}$H$_{54}$N$_4$O$_2$	683.436 6	683.432 5	0.30

　　非共价键特别是氢键对煤的物理化学性质和形成大分子交联结构起着重要的作用。一些研究考察了煤中非共价键的释放对煤热溶的影响[18-20]。褐煤中

非共价键的断裂有利于热溶过程中从褐煤中分离出更多可溶的有机质。褐煤中非共价键的破坏应该也在热溶析出 NCSs 中起着重要的作用。如图 3-27 所示，吡啶或者喹啉中的 N 原子能够与褐煤中的酚—OH 或羧基中的—OH 形成 N···H—O 型氢键。与 N 原子相邻的苯环上的 H 原子也会和羧基中的羰基形成 C—N···O 型氢键。在超声萃余物的热溶过程中这两种氢键会被破坏,从而释放出吡啶类和喹啉类化合物并溶于有机溶剂中。此外,吡啶环或者喹啉中的芳环和煤中其他芳环结构之间,吡啶和喹啉结构之间以及它们各自之间会形成较强的 π-π 相互作用。热溶过程这些 π-π 相互作用的释放也是产生吡啶类和喹啉类化合物的重要来源。如图 3-28 所示,芳胺类中的—NH_2 能够和褐煤中的酚—OH 形成 N···H—O 和 N—H···O 两种类型的氢键。同样地,芳胺中的—NH_2 能够和褐煤中的羧基形成 N···H—O 和 N—H···O 两种类型的氢键。此外,芳胺类的芳环之间以及芳胺和褐煤中其他芳环结构之间也会形成 π-π 相互作用。这些氢键和 π-π 相互作用在热溶过程中的释放是芳胺类化合物的重要来源。类似地,苯并咪唑类化合物可能也是由热溶过程中氢键和 π-π 相互作用被释放而形成的。

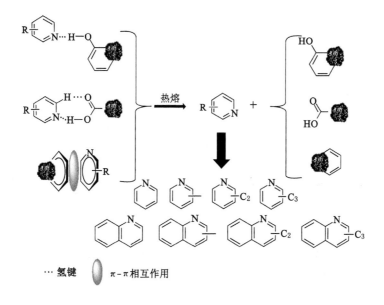

图 3-27　吡啶类和喹啉类化合物在热溶过程中的释放机理

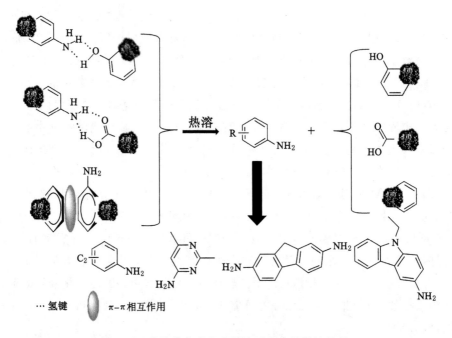

图 3-28　芳胺类化合物在热溶过程中的释放机理

3.3　本章小结

本章利用逐级超声萃取和逐级热溶从分子水平上研究了褐煤有机质中可溶有机分子的组成和溶出规律。XL、XLT 和 SL 超声萃取所得萃取物的总收率（质量分数）分别为 13.6%、4.5% 和 5.2%，而 UER_{XL}、UER_{XLT} 和 UER_{SL} 逐级热溶所得 $E_6 \sim E_{10}$ 的总收率（质量分数）分别为 40.2%、55.8% 和 55.0%，明显高于褐煤超声萃取所得萃取物的总收率，说明逐级热溶能够较为充分地将褐煤中的可溶有机质溶解出来。经逐级超声萃取和逐级热溶，XL、XLT 和 SL 中分别有53.8%、60.3% 和 60.2% 的有机质变为可溶有机分子。逐级超声萃取主要析出褐煤中游离的和以较弱非共价键结合的富含脂肪族结构的化合物，萃取物收率较低。逐级热溶能够破坏褐煤中较强的分子间作用力（如氢键和 π-π 相互作用）和部分较弱的共价键，从而析出大量可溶有机分子。用 GC/MS 在超声萃取物或热溶物中检测一系列生物标记物，包括长链正构烷烃、类异戊二烯烷烃、长链正构烯烃、萜类、正构烷-2-酮和长链烷基苯类化合物，为褐煤有机地球化学提供重要的信息。酚类化合物主要在热溶物中析出，主要是由氢键断裂和 π-π 作用释放产生的。部分酚类可能是由连接苯氧基中—C—O—断裂产生的。热溶物中析出的 NCSs 主要包括吡啶类、喹啉类、苯并咪唑和胺类化合物。热溶破坏 NCSs 与褐煤中的含氧官能团（—OH 和—COOH）之间的氢键以及 NCSs 中芳环与其他芳环结构之间形成的 π-π 作用是 NCSs 析出的主要原因。

本章参考文献

[1] XU B,LU W,SUN Z,et al. High-quality oil and gas from pyrolysis of Powder River Basin coal catalyzed by an environmentally-friendly,inexpensive composite iron-sodium catalysts [J].Fuel Processing Technology,2017,167:334-344.

[2] XIONG G,LI Y,JIN L,et al. In situ FT-IR spectroscopic studies on thermal decomposition of the weak covalent bonds of brown coal[J].Journal of Analytical and Applied Pyrolysis,2015,115:262-267.

[3] DUN W,GUIJIAN L,RUOYU S,et al. Investigation of structural characteristics of thermally metamorphosed coal by FTIR spectroscopy and X-ray diffraction[J].Energy and Fuels,2013,27:5823-5830.

[4] STOJANOVIĆ K,Ž IVOTIĆ D.Comparative study of Serbian Miocene coals — Insights from biomarker composition[J].International Journal of Coal Geology,2013,107:3-23.

[5] LIU F J,WEI X Y,GUI J,et al. Characterization of biomarkers and structural features of condensed aromatics in Xianfeng lignite[J].Energy and Fuels,2013,27:7369-7378.

[6] DEVIĆ G J,POPOVIĆ Z V.Biomarker and micropetrographic investigations of coal coals [J].Applied Geochemistry,2005,20 (3):553-568.

[7] TUO J,LI Q.Occurrence and distribution of long-chain acyclic ketones in immature coals [J].Applied Geochemistry,2005,20(3): 553-568.

[8] TEERMAN S C,HWANG R J.Evaluation of the liquid hydrocarbon potential of coal by artificial maturation techniques[J].Organic Geochemistry,1991,17(6):749-764.

[9] GORBATY M L,KELEMEN S R.Characterization and reactivity of organically bound sulfur and nitrogen fossil fuels[J].Fuel Processing Technology,2001,71:71-78.

[10] PIETRZAK R,WACHOWSKA H.The influence of oxidation with HNO₃ on the surface composition of high-sulphur coals: XPS study [J]. Fuel Process Technol, 2006, 87: 1021-1029.

[11] PIETRZAK R, GRZYBEK T, WACHOWSKA H. XPS study of pyrite-free coals subjected to different oxidizing agents[J].Fuel,2007,86:2616-2624.

[12] NOWICKI P,PIETRZAK R,WACHOWSKA H.X-ray photoelectron spectroscopy study of nitrogen-enriched active carbons obtained by ammoxidation and chemical activation of brown and bituminous coals[J].Energy Fuels,2009,24:1197-1206.

[13] LIU F J,WEI X Y,FAN M H,et al. Separation and structural characterization of the low-carbon-footprint high-value products from lignites through mild degradation: a review[J].Applied Energy,2016,170:415-436.

[14] RADKE M,WILLSCH H.Generation of alkylbenzenes and benzo[b]thiophenes by artificial thermal maturation of sulfur-rich coal[J].Fuel,1993,72 (8):1103-1108.

[15] DONG J Z,VORKINK W P,LEE M L.Origin of long-chain alkylcyclohexanes and alkylbenzenes in a coal-bed wax[J].Geochimica et Cosmochimica Acta,1993,57 (4):837-849.

[16] LU H Y,WEI X Y,YU R,et al. Sequential thermal dissolution of Huolinguole lignite in methanol and ethanol [J].Energy and Fuels,2011,25 (6):2741-2745.

[17] SCHOBERT H H,SONG C.Chemicals and materials from coal in the 21st century[J].Fuel,2002,81 (1):15-32.

[18] SHUI H F,WANG Z C,WANG G Q.Effect of hydrothermal treatment on the extraction of coal in the CS_2/NMP mixed solvent[J].Fuel,2006,85:1798-1802.

[19] IINO M,TAKANOHASHI T,SHISHIDO T,et al. Increase in extraction yields of coals by water treatment:Beulah-Zap lignite[J].Energy and Fuels,2007,21 (1):205-208.

[20] MASAKI K,KASHIMURA N,TAKANOHASHI T,et al. Effect of pretreatment with carbonic acid on "HyperCoal"(ash-free coal) production from low-rank coals[J].Energy and Fuels,2005,19 (5):2021-2025.

4 褐煤热溶所得残渣的钉离子催化氧化

即使经过高温条件下的热溶,褐煤中仍有大于 30％的有机质不溶于溶剂。这部分难溶有机质主要是含缩合芳环结构的大分子网络骨架结构。由于可以选择性将芳碳氧化—COOH 或 CO_2 而脂肪结构不发生变化的特点,钉离子催化氧化(RICO)是研究褐煤大分子网络骨架中连接芳环结构的亚甲基桥链、烷基侧链以及缩合芳环结构组成的重要方法,能够为褐煤结构提供重要的信息。通过对热溶所得残渣(TER)的 RICO,希望能从分子水平上揭示褐煤中难溶有机大分子骨架中缩合芳环的结构特征(连接芳环的亚甲基桥链、烷基侧链以及缩合芳环)。

对 TER 在 30 ℃下进行 RICO,反应 48 h,过滤得到有机相和水相,分别进行甲酯化得到甲酯化的有机相(methyl esterified organic phase,简称 MEOP)和甲酯化的水相(methyl esterified aqueous phase,简称 MEAP)。TER 的 RICO具体试验步骤参照文献报道的方法进行[1-3],除了用乙醚代替二氯甲烷萃取从反应混合物中分离出来的有机相。用 FTIR 和 GC/MS 等分析上述所有萃取物、MEOP 和 MEAP。

4.1 热溶残渣的元素、FTIR 和 XPS 分析

UER_{XL}、UER_{XLT} 和 UER_{SL} 逐级热溶所得残渣分别用 TER_{XL}、TER_{XLT} 和 TER_{SL} 表示。如表 4-1 所列,与三种 UER 相比(表 3-3),TER_{XL}、TER_{XLT} 和 TER_{SL} 中的 C 含量显著升高而 H 含量明显降低,对应 H/C 比明显降低,这是因为热溶析出的化合物富含脂肪族结构(图 3-13)。因此,褐煤中富含缩合芳环的难溶大分子结构富集于 TER 中。TER_{XL}、TER_{XLT} 和 TER_{SL} 中的 O 含量均显著降低,这可能是因为 UER 逐级热溶过程中析出了大量的含氧化合物(图3-14)造成的。TER 中 O 含量按 TER_{XL}＞TER_{XLT}＞TER_{SL} 的顺序依次递减。三种褐煤 TER 中均含有少量的 N,说明超声萃取和逐级热溶并不能将褐煤的有机氮完全溶解出来。TER 中 N 含量也按 TER_{XL}＞TER_{XLT}＞TER_{SL} 的顺序依次递减。褐煤中部分有机氮可能以较强的共价键结合于褐煤的大分子

网络骨架结构中。相比 UER,TER_{XL}、TER_{XLT} 和 TER_{SL} 中的 S 含量均明显增加,可能是因为褐煤中的无机硫和部分有机硫难溶于有机溶剂中而富集于 TER 中。TER 中 S 含量则按 TER_{XL} < TER_{XLT} < TER_{SL} 的顺序依次递增。部分有机硫同样可能以较强的共价键结合于褐煤大分子网络骨架结构中。

表 4-1 TER_{XL}、TER_{XLT} 和 TER_{SL} **的元素分析(质量分数)**

样品	元素分析(daf)/%				$S_{t,d}$/%	H/C
	C	H	N	O_{diff}		
TER_{XL}	70.09	3.54	3.05	大于 22.55	0.77	0.601 8
TER_{XLT}	75.45	4.44	1.76	大于 15.96	2.40	0.701 2
TER_{SL}	80.81	5.05	1.09	大于 10.00	3.05	0.744 6

diff:差减法;$S_{t,d}$:全硫(干燥基)。

如图 4-1 所示,TER_{XL}、TER_{XLT} 和 TER_{SL} 的 FTIR 谱图在 2 920 cm^{-1}、2 850 cm^{-1}、1 460 cm^{-1} 和 1 380 cm^{-1} 附近有明显的—CH_3 和 >CH_2 的振动吸收峰。>CH_2 可能主要存在于连接芳环结构的亚甲基链和芳环的烷基侧链上。—CH_3 可能存在于芳环的烷基侧链上。与原煤(图 2-1)和 UER(图 3-10)的 FTIR 谱图相比,三种 TER 的 FTIR 谱图在 3 700~2 400 cm^{-1} 区域内趋于平缓,没有明显峰包,推测褐煤中的大部分氢键在热溶过程中被破坏。TER_{XL} 在 3 350 cm^{-1}(—OH)和 1 700 cm^{-1}(>C=O)附近的吸收峰明显强于 TER_{XLT} 和 TER_{SL},推测 TER_{XL} 中含更多—OH 和 >C=O 等含氧官能团,与 TER_{XL} 中 O 含量较高相

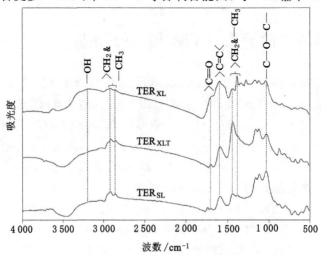

图 4-1 TER_{XL}、TER_{XL}T 和 TER_{SL}的 FTIR 谱图

一致。TER_{XL}、TER_{XLT}和TER_{SL}的FTIR谱图在1 600 cm^{-1}附近有很强的芳环>C=C<振动吸收峰,说明三种TER中富含缩合芳环结构。三种TER的FTIR谱图在1 035 cm^{-1}处存在较强的C—O—C吸收峰,表明褐煤中一些较强的C—O—C键在UER逐级热溶中不容易发生断裂。

利用XPS分析三种TER表面元素组成,了解经逐级热溶后表面元素形态变化。如表4-2所列,相比三种UER(表3-4),TER_{XL}、TER_{XLT}和TER_{SL}表面的脂肪碳和芳碳的含量显著增加,而C—OH或C—O的含量则明显降低。三种TER表面碳形态中脂肪碳和芳碳占绝对优势,相对含量超过85%。TER_{XL}表面的含氧官能团包括C—OH或C—O、C=O和COOH,而TER_{XLT}和TER_{SL}表面的含氧官能团以C—OH或C—O为主。

表 4-2 XPS分析TER_{XL}、TER_{XLT}和TER_{SL}表面C、N和S的形态分布

元素峰	结合能/eV	形态	相对含量/%		
			TER_{XL}	TER_{XLT}	TER_{SL}
C 1s	284.8	脂肪碳和芳碳	85.5	91.0	85.9
	286.1±0.1	C—OH 或 C—O	5.5	9.0	11.4
	287.4±0.1	C=O	5.3	—	—
	289.1±0.2	COOH	3.7	—	2.7
N 1s	398.5±0.2	吡啶氮	7.8	18.5	24.6
	399.5±0.1	氨基氮	7.7	7.6	—
	400.5±0.1	吡咯氮	18.1	30.5	38.6
	401.4±0.1	季氮	12.5	9.8	7.2
	402.8	吡啶氧化物	—	11.1	10.8
	405.8	芳环上硝基氮	34.7	8.8	11.3
	407.0±0.2	化学吸附的N-氧化物	19.3	13.6	7.6
S 2s	162.5±0.1	黄铁矿	4.9	4.6	—
	163.3±0.2	脂肪硫	—	2.4	—
	164.1±0.1	芳硫	9.2	12.1	16.2
	165.6±0.3	亚砜	9.8	5.9	4.0
	168.5±0.1	砜	44.2	47.3	13.7
	170.2±0.3	硫酸盐	32.0	27.8	66.1

利用XPS在TER_{XL}、TER_{XLT}和TER_{SL}表面检测出了原煤和UER中未发现的芳环上硝基氮(405.8 eV)和化学吸附的N-氧化物[(407.0±0.2) eV]。这两

种类型有机氮可能以共价键结合形式束缚于褐煤内部的大分子骨架中,随着热溶过程中大量可溶有机化合物的析出,它们裸露于 TER 的表面而被 XPS 检测到。芳环上硝基氮在 TER_{XL} 表面各类有机氮形态中的相对含量最高,而 TER_{XLT} 和 TER_{SL} 表面含量最高的有机氮形态还是吡咯氮。相比 UER,三种 TER 表面的氨基氮相对含量显著降低,其中 TER_{SL} 表面未检测到氨基氮。TER_{XL} 和 TER_{XLT} 表面的吡咯氮相对含量明显降低,而 TER_{SL} 表面吡咯氮的相对含量相比 UER_{SL} 则有所降低。从 TER 的 N 1s 谱图分析可以看出,除了超声萃取和逐级热溶析出的 NCSs 外,褐煤中的部分 NCSs 可能以共价键结合形式束缚于褐煤大分子网络骨架结构中。

如表 4-2 所列,TER_{XL} 和 TER_{SL} 表面未检测出脂肪硫,TER_{XLT} 表面脂肪硫相对含量与 UER_{XLT} 相比略有降低,推测 UER_{XL} 和 UER_{SL} 热溶过程中析出较多脂肪硫化合物。三种 TER 表面的芳硫相对含量相比 UER 均有所降低,说明部分芳硫化合物在 UER 的逐级热溶过程中析出。三种 TER 表面的亚砜相对含量与 UER 相比均明显下降。与 UER_{XLT} 相比 TER_{XL} 表面的砜相对含量显著增加。TER_{XL} 和 TER_{SL} 表面硫酸盐相对含量显著增加,推测硫酸盐不溶于有机溶剂而富集在 TER 中。

4.2　热溶残渣 RICO 所得可溶物收率和 FTIR 分析

RICO 是了解煤大分子网络骨架结构中连接芳环结构的亚甲基桥链、烷基侧链以及缩合芳环结构的组成和分布的重要手段[4-5]。因此,对 TER_{XL}、TER_{XLT} 和 TER_{SL} 进行 RICO,通过分析生成的烷酸、烷二酸和苯羧酸的分布可以了解三种褐煤中难溶有机大分子骨架结构的缩合芳环结构特征。超声萃取和逐级热溶已将褐煤中绝大部分可溶有机分子分离出来,有效避免可溶有机分子及其经 RICO 产生的羧酸对褐煤大分子芳环结构造成干扰。如图 4-2 所示,TER_{XL}、TER_{XLT} 和 TER_{SL} 进行 RICO 得到酯化甲酯化的有机相(MEOP)的收率(质量分数)分别为 19.3%、14.2% 和 16.6%,甲酯化的水相(MEAP)的收率(质量分数)分别为 14.2%、16.1% 和 14.1%。经过逐级超声萃取、逐级热溶和 RICO,XL、XLT 和 SL 中分别有质量分数为 87.3%、90.6% 和 90.9% 的有机质变得可溶化。

如图 4-3 所示,三种 TER 的 MEOP 和 MEAP 在 1 730 cm^{-1} 附近都有尖锐和非常强吸收峰。表 2-3 表明 FTIR 谱图中 1 730 cm^{-1} 附近的吸收峰归属于醛和酯中的 $>C=O$。RICO 生成的羧酸经重氮甲烷酯化后生成甲酯类化合物。因此,MEOP 和 MEAP 的 FTIR 谱图中该吸收峰应该是甲酯中 $>C=O$ 的伸缩振动吸收峰。MEOP 和 MEAP 的 FTIR 谱图中 1 730 cm^{-1}、1 440 cm^{-1}、1 385

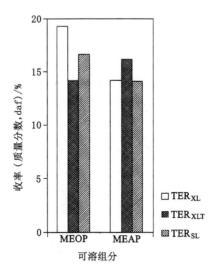

图 4-2　TER_{XL}、TER_{XLT} 和 TER_{SL} RICO 所得 MEOP 和 MEAP 的收率

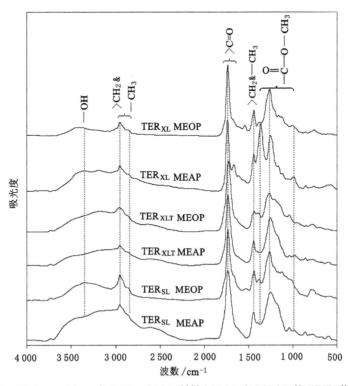

图 4-3　TER_{XL}、TER_{XLT} 和 TER_{SL} RICO 所得 MEOP 和 MEAP 的 FTIR 谱图

cm⁻¹和 1 260 cm⁻¹附近有强的吸收峰,而在 3 610 cm⁻¹和 3 350 cm⁻¹附近观察不到明显的—OH 吸收峰,说明绝大部分由 RICO 产生的羧酸经重氮甲烷酯化转化成了甲酯类化合物。2 920 cm⁻¹、2 850 cm⁻¹、1 440 cm⁻¹和 1 385 cm⁻¹附近的—CH₃和>CH₂的振动吸收峰除来自于酯基中的—CH₃,也可能归属于脂肪酸甲酯中的亚甲基链及其上的取代烷基。

4.3　热溶残渣中缩合芳环结构特征

如图 4-4~图 4-7 和表 4-3~表 4-5 所示,利用 GC/MS 在 TER$_{XL}$、TER$_{XLT}$和 TER$_{SL}$经 RICO 所得 MEOP 和 MEAP 中检测出的甲酯类化合物的母体羧酸主要包括 17 种烷酸(AAs)、26 种烷二酸(ADAs)、3 种烷三酸(ATCAs)、14 种甲基取代苯羧酸(MBCAs)和 12 种苯羧酸(BCAs)。根据 RICO 的反应机理(图1-4),AAs、ADAs、ATCAs、MBCAs 和 BCAs 可能是分别由 TER 中的芳基烷烃、α,ω-二芳基烷烃、三芳基烷烃、甲基取代缩合芳烃和非取代缩合芳烃氧化产生的[4]。因此,通过分析 RICO 生成各类羧酸的组成和分布可以了解 TER$_{XL}$、TER$_{XLT}$和 TER$_{SL}$中缩合芳环结构的烷基侧链、亚甲基桥链和缩合程度等重要结构信息。

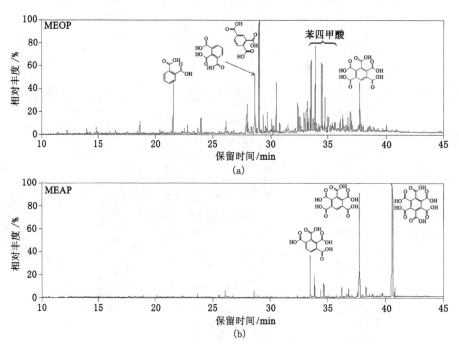

图 4-4　TER$_{XL}$经 RICO 所得 MEOP 和 MEAP 的 TICs

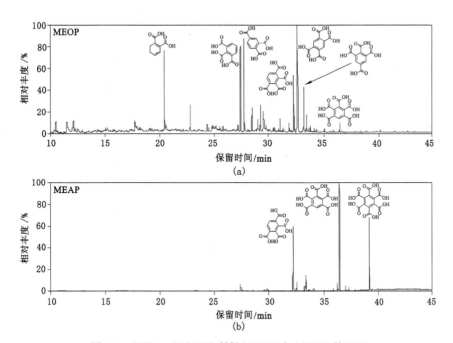

图 4-5　TER$_{XLT}$ 经 RICO 所得 MEOP 和 MEAP 的 TICs

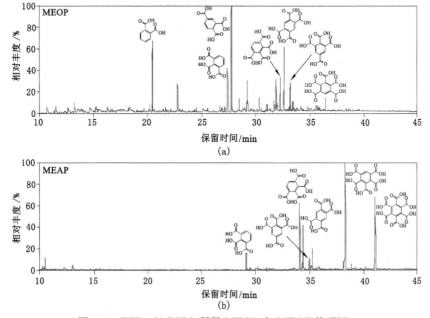

图 4-6　TER$_{SL}$ 经 RICO 所得 MEOP 和 MEAP 的 TICs

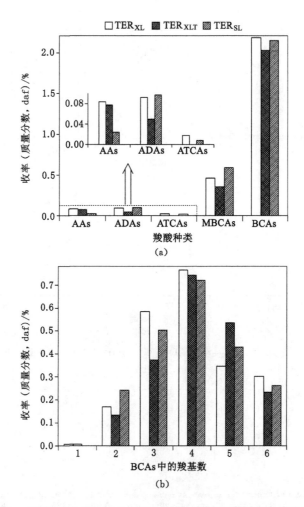

图 4-7　TER_{XL}、TER_{XLT} 和 TER_{SL} 经 RICO 所得不同类型羧酸和各类 BCAs 的收率

（a）不同类型羧酸的收率；（b）各类 BCAs 的收率

表 4-3　TER_{XL}、TER_{XLT} 和 TER_{SL} 经 RICO 生成的 MBCAs 和 BCAs

化合物	TER_{XL}	TER_{XLT}	TER_{SL}
MBCAs			
4-甲基邻苯二甲酸	√	√	√
4-甲基对苯二甲酸	√		√
5-甲基间苯二甲酸	√		√
4,5-二甲基邻苯二甲酸	√	√	√

表 4-3(续)

化合物	TER$_{XL}$	TER$_{XLT}$	TER$_{SL}$
3,5-二甲基邻苯二甲酸	√		√
三甲基邻苯二甲酸		√	√
甲基羟基邻苯二甲酸		√	
甲基苯三甲酸	√	√	√
二甲基苯三甲酸	√	√	√
甲基乙基羟基邻苯二甲酸		√	
三甲基苯三甲酸		√	√
三甲基羟基苯三甲酸			√
甲基苯四甲酸	√	√	√
甲基苯五甲酸		√	√
BCAs			
苯甲酸	√	√	
邻苯二甲酸	√	√	√
对苯二甲酸	√	√	√
间苯二甲酸	√	√	√
连苯三酸	√	√	√
偏苯三酸	√	√	√
苯均三酸		√	√
连苯四酸	√	√	√
苯均四酸	√	√	√
1,2,3,5-苯四甲酸	√	√	√
苯五甲酸	√	√	√
苯六甲酸	√	√	√

表 4-4 TER$_{XL}$、TER$_{XLT}$和TER$_{SL}$经RICO生成的AAs

AAs	TER$_{XL}$	TER$_{XLT}$	TER$_{SL}$
2-甲基丁酸		√	
4-乙氧基-4-羰基丁酸	√		√
3-甲基丁酸		√	
2,2-二甲基-3-羟基丙酸	√		
戊酸		√	

表 4-4(续)

AAs	TER$_{XL}$	TER$_{XLT}$	TER$_{SL}$
5-乙氧基-5-羰基戊酸	✓		
4-甲基-2-羟基戊酸		✓	
3-甲氧基甲氧基丁酸		✓	
2,4-二甲基-3-羰基戊酸		✓	
3-羰基庚酸		✓	
4-丁氧基丁酸		✓	
7-羰基辛酸		✓	
癸酸	✓		
正十四烷酸	✓		✓
正十五烷酸	✓		
棕榈酸	✓	✓	✓
硬脂酸	✓		

表 4-5　TER$_{XL}$、TER$_{XLT}$和 TER$_{SL}$ 经 RICO 生成的 ADAs 和 ATCAs

化合物	TER$_{XL}$	TER$_{XLT}$	TER$_{SL}$
ADAs			
琥珀酸	✓	✓	✓
2,2-二甲基丙二酸		✓	✓
2-甲基琥珀酸	✓	✓	✓
2,3-二甲基琥珀酸	✓		
2-乙基琥珀酸	✓		✓
戊二酸	✓		
3-羰基戊二酸		✓	
2-羰基戊二酸		✓	
3-甲基戊二酸	✓		✓
2-甲基戊二酸	✓		✓
3,3-二甲基戊二酸	✓		
2,3-二甲基戊二酸	✓		
2-异丙基琥珀酸	✓		
2,4-二甲基戊二酸	✓	✓	✓
2,2-二甲基戊二酸			✓

表 4-5(续)

化合物	TER$_{XL}$	TER$_{XL}$T	TER$_{SL}$
己二酸	√		
2-乙基戊二酸	√		
3-羰基己二酸	√		
2-甲基己二酸	√		√
3-甲基己二酸	√		√
庚二酸	√	√	
3,4-二甲基己二酸	√		
3-甲基庚二酸	√		
辛二酸	√		
2,3-二甲基富马酸	√		
壬二酸	√		
ATCAs			
1,2,3-戊三酸	√		√
1,2,4-己三酸	√		
3-(羧甲基)己二酸	√		

BCAs 是由 TER 中的非取代缩合芳烃经 RICO 产生的[6-7]。如图 4-4～图 4-6所示,用 GC/MS 在三种 TER 的 MEOP 和 MEAP 中检测出的羧酸主要为 BCAs。MEOP 中的 BCAs 主要为苯二甲酸、苯三甲酸和苯四甲酸类化合物,而 MEAP 中则富集了苯四甲酸、苯五甲酸和苯六甲酸类化合物。苯五甲酸和苯六甲酸类化合物易溶于水,因此主要存在于 MEAP 中。如图 4-7(a)所示,TER$_{XL}$、TER$_{XLT}$ 和 TER$_{SL}$ 经 RICO 产生的 MBCAs 和 BCAs 的收率远高于其他类型羧酸的收率,其中 BCAs 的总收率占检测到的所有类型羧酸收率的 75% 以上,说明三种 TER 中的有机质均富含缩合芳环结构。BCAs 中苯环上的羧基数目代表了它们前驱体缩合芳烃的缩合程度。如表 4-3 和图 4-8所示,TER$_{XL}$、TER$_{XLT}$ 和 TER$_{SL}$ 经 RICO 产生的 BCAs 种类相似,从苯甲酸到苯六甲酸分布。羧基数≥3 的 BCAs 可能是由芳环数≥3 的缩合芳烃氧化生成的。如图 4-7(b)所示,RICO 所得 BCAs 主要是含 2 个羧基以上的苯多酸,而苯甲酸的收率非常低(只在 TER$_{XL}$ 和 TER$_{XLT}$ 的 MEOP 中检测出)。在三种 TER 经 RICO 生成的 BCAs 中,主要为羧基数≥3 的 BCAs,推测 TER 中的芳环骨架结构主要由苯环数≥3 的缩合芳环组成。

MBCAs 可能由 TER 中的甲基取代缩合芳烃经 RICO 产生的[8]。如图

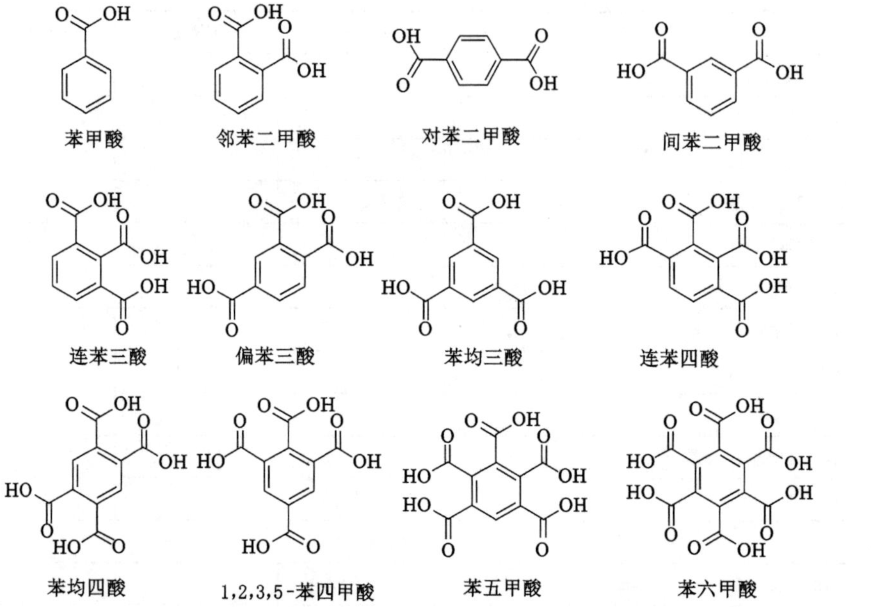

图 4-8 TER_{XL}、TER_{XLT} 和 TER_{SL} RICO 生成的 BCAs 的分子结构

4-7(a)所示，MBCAs 的总收率远高于 AAs 的收率，表明 TER_{XL}、TER_{XLT} 和 TER_{SL} 中芳环上的烷基侧链以甲基为主。如表 4-3 所列，MBCAs 含有甲基数目为 1~3 个，说明 TER 中部分芳环单元结构含多甲基。TER_{XLT} 和 TER_{SL} 经 RICO 生成的 MBCAs 部分含有羟基(如三甲基羟基邻苯二甲酸和三甲基羟基苯三甲酸)，说明 TER_{XLT} 和 TER_{SL} 中的部分缩合芳环结构含有羟基。如表 4-4 所列，TER_{XL} 经 RICO 生成的 AAs 包括 3 种主链碳数为 $C_3 \sim C_5$ 的烷酸和 5 种碳数≥10 的正构烷酸，它们的收率较低。$C_3 \sim C_5$ 的烷酸含有甲基、乙氧基和羰基等官能团，说明 TER_{XL} 中的缩合芳环含有少量这些官能团取代的短链烷基侧链和碳数≥9 的正构烷基侧链。TER_{XLT} 经 RICO 生成的 AAs 的分布说明 TER_{XLT} 中缩合芳环结构上除甲基以外含有少量甲基、甲氧基、羟基和羰基取代的碳数为 $C_4 \sim C_8$ 的烷基侧链。TER_{SL} 经 RICO 生成的 AAs 种类和收率均比较低，说明 TER_{SL} 中的缩合芳环结构的烷基侧链较为单一，以甲基为主。

如图 4-7(a)所示，3 种 TER 的 ADAs 和 ATCAs 收率远低于 BCAs 和 MBCAs 的收率，说明 TER_{XL}、TER_{XLT} 和 TER_{SL} 中富含大分子缩合芳环而缺少连接芳环的由 1 个或多个—CH_2—构成的桥键。如表 4-5 所列，TER_{XL} 经 RICO 生成的 ADAs 主链碳数分布为 $C_4 \sim C_9$，说明 TER_{XL} 中连接芳环的亚甲基桥键

的碳数分布为 C_2～C_7。除 C_4～C_9 的正构烷二酸外,检测到烷基(甲基、乙基和异丙基)和羰基取代的 ADAs,表明 TER_{XL} 中的部分亚甲基桥键上含有烷基和羰基等取代基。TER_{XL} 的 ADAs 中戊二酸和甲基戊二酸的收率最高,说明 TER_{XL} 中连接芳环的亚甲基桥键含较多—$(CH_2)_3$—和—$CHCH_3(CH_2)_2$—型桥键。如表 4-5 所列,TER_{XLT} 经 RICO 生成的 ADAs 包括 C_3～C_5 的烷二酸和庚二酸,说明 TER_{XLT} 中连接芳环的亚甲基桥键的碳数分布为 C_1～C_3 和 C_5。部分 C_3～C_5 的烷二酸含甲基和羰基,表明部分 C_1～C_3 亚甲基桥键上含有甲基和羰基。TER_{XLT} 的 ADAs 中 2-甲基琥珀酸和庚二酸的收率最高,说明—$CHCH_3CH_2$—和—$(CH_2)_5$—是 TER_{XLT} 中连接芳环结构含量较高的亚甲基桥键。从表 4-5 可以推断 TER_{SL} 中连接芳环的甲基桥键的碳数分布为 C_1～C_4,大部分桥键上含有 1 个或 2 个甲基。ADAs 中甲基戊二酸的含量最高,表明—$CHCH_3(CH_2)_2$—是 TER_{SL} 中含量较高的亚甲基桥键。碳数较大的烷基侧链和亚甲基桥键主要存在于 TER_{XL} 中,与原煤的固体 ^{13}C NMRS 分析表明 XL 中亚甲基链平均长度最高的结果相一致。TER_{XL} 和 TER_{SL} 经 RICO 生成了短链的 ATCAs,表明 TER_{XL} 和 TER_{SL} 存在三芳基烷烃结构。

煤中联芳烃和二芳基甲烷结构经 RICO 生成草酸和丙二酸。用 GC/MS 在 TER 的 RICO 产物中并未检测到草二酸和丙二酸,但这并不代表 TER 中不含联芳烃和二芳基甲烷结构。这可能是因为生成的草酸和丙二酸容易进一步降解生成 CO_2[1,9]。研究表明,BCAs 中的苯甲酸、对苯二甲酸、间苯二甲酸、偏苯三酸、苯均三酸和 1,2,3,5-苯四甲酸是由联苯型芳烃结构经 RICO 产生的[10]。TER 经 RICO 生成这些类型 BCAs 的收率远高于 ADAs 的收率,进一步说明 TER 中的许多缩合芳环可能以联芳烃的形式相连。如表 4-6 所列,除以上典型的 BCAs 外,用 GC/MS 在三种 TER 的 RICO 产物中还检测出联苯二甲酸和羧基数为 5～7 的联苯羧酸,进一步表明 TER 中含联芳烃型的缩合芳烃结构。其中联苯二甲酸只在 TER_{XL} 的 RICO 产物中检测出,而羧基数为 5～7 的联苯羧酸在 TER_{XL}、TER_{XLT} 和 TER_{SL} 的 RICO 产物中均存在。

表 4-6　用 GC/MS 检测出 TER_{XL}、TER_{XLT} 和 TER_{SL} 经 RICO 生成的联苯羧酸

名称	分子式	结构式	TER_{XL}	TER_{XLT}	TER_{SL}
联苯二甲酸	$C_{14}H_{10}O_4$	(COOH)$_2$	√		
联苯五甲酸	$C_{17}H_{10}O_{10}$	(COOH)$_5$	√	√	√

表 4-6(续)

名称	分子式	结构式	TER$_{XL}$	TER$_{XLT}$	TER$_{SL}$
联苯六甲酸	$C_{18}H_{10}O_{12}$	(COOH)$_6$	√	√	√
联苯七甲酸	$C_{19}H_{10}O_{14}$	(COOH)$_7$	√	√	√

　　一些联苯羧酸的甲酯化产物可能由于分子量较大而难以被 GC/MS 检测出。利用 DARTIS/TOF-MS 分析 TER$_{XL}$ 经 RICO 所得 MEOP 和 MEAP。如图 4-9 所示,在 MEOP 和 MEAP 中都检测出相差相同质量数的多个系列的有机化合物。如图 4-9(a)所示,在 MEOP 中检测到三个系列化合物的离子,分别为 m/z $326+14n$ ($n=0\sim4$)、m/z $398+14n$($n=0\sim5$)和 m/z $484+14n$($n=0\sim1$)。Murata 等[11]利用

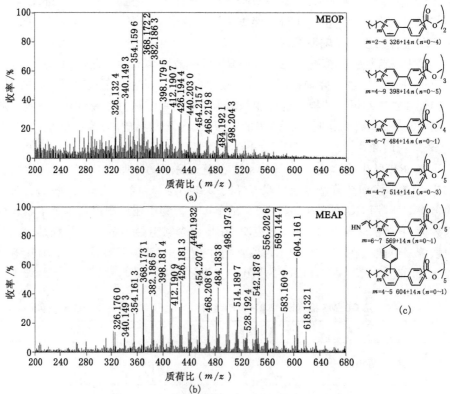

图 4-9　用 DARTIS/TOF-MS 分析 TER$_{XL}$ 经 RICO 所得 MEOP

和 MEAP 的质谱图和各系列离子的分子结构归属

(a) MEOP 的质谱图;(b) MEAP 的质谱图;(c) 各系列离子的分子结构归属

场解析质谱在煤的 RICO 产物中一系列分子式 $C_{12}H_{10-n}(COOCH_3)_n$ $(n=6\sim10)$ 的联苯多酸甲酯，对应酯化前的联苯多酸。类似地，如图 4-9(c)所示，根据元素组成分析，用 DARTIS/TOF-MS 在 MEOP 中检测出的三个系列的化合物可能分别是多烷基联苯二甲酸二甲酯、多烷基联苯三甲酸三甲酯和多烷基联苯四甲酸四甲酯，分子式分别为 $C_{12}H_7(COOCH_3)_2(CH_2)_mCH_3$ $(m=3\sim7)$、$C_{12}H_7(COOCH_3)_3(CH_2)_m$ $(m=5\sim10)$ 和 $C_{12}H_5(COOCH_3)_4(CH_2)_mCH_3$ $(m=7\sim8)$。它们对应的酯化前的化合物分别是多烷基联苯二甲酸、多烷基联苯三甲酸和多烷基联苯四甲酸。如图 4-9(b)所示，在 MEAP 中除检测出和 MEOP 一样的三个系列化合物外，还检测出 m/z $514+14n$ $(n=0\sim3)$、m/z $569+14n$ $(n=0\sim1)$ 和 m/z $604+14n$ $(n=0\sim1)$ 的三个系列化合物。如图4-9(c)所示，它们可能分别是分子式为 $C_{12}H_4(COOCH_3)_5(CH_2)_mCH_3$ $(m=5\sim8)$ 的多烷基联苯五甲酸五甲酯、分子式为 $C_{12}H_4(COOCH_3)_5(CH_2)_mC\!=\!NH$ $(m=7\sim8)$ 的多烷基亚氨基联苯五甲酸五甲酯和分子式为 $C_{18}H_8(COOCH_3)_5(CH_2)_mCH_3$ $(m=5\sim6)$ 的多烷基三联苯五甲酸五甲酯，对应酯化前的化合物分别为多烷基联苯五甲酸、多烷基亚氨基联苯五甲酸和多烷基三联苯五甲酸。这些结果进一步说明 TER_{XL} 中具有高度缩合的联芳烃结构。TER_{XLT} 和 TER_{SL} 中应该也含有这些缩合芳环结构。仅通过热溶无法解聚这样的结构，通过加氢液化也难解聚这样的结构。另一方面，这些联苯多酸的前驱体也可能是既含有缩合芳环又具有氧桥链的结构。如图 4-10 所示，以多烷基三联苯五甲酸为例，其前驱体可能是与苯酰基相连的多烷基缩合芳环结构。前驱体在热溶过程中被醇类进攻发生醇解反应生成苯羧酸酯（在 UER 热溶物中被检测出）和如图所示的多烷基缩合芳甲酸。缩合芳甲酸经后续 RICO 生成了多烷基三联苯五甲酸。

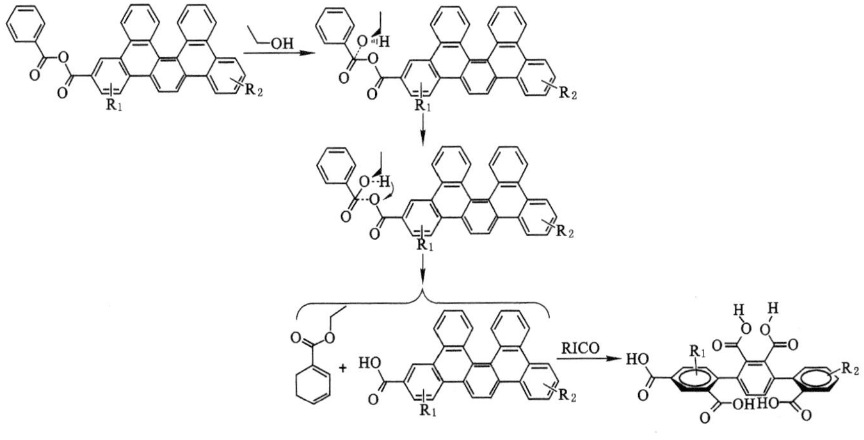

图 4-10　多烷基三联苯五甲酸生成的一种可能机理

4.4　热溶残渣 RICO 生成的硝基苯羧酸

　　XPS 分析(表 4-2)表明 TER_{XL}、TER_{XLT} 和 TER_{SL} 中含有芳环上的硝基氮，且其是 TER_{XL} 中相对含量最高的有机氮形态。TER_{XLT} 和 TER_{SL} 中芳环上的硝基氮的相对含量较低。根据 RICO 的反应机理,含硝基的缩合芳环结构经 RICO 可能生成硝基取代苯羧酸。如表 4-7 所列,用 GC/MS 分析在三种 TER 的 RICO 产物中检测出 8 种硝基苯羧酸,从硝基苯甲酸到硝基苯五甲酸分布,每种化合物中只含一个硝基。所有硝基苯羧酸在 TER_{XL} 的 RICO 产物中均检测出。TER_{XLT} 的 RICO 产物中检测出硝基苯三甲酸至硝基苯五甲酸。TER_{SL} 的 RICO 产物中只检测到 6-硝基偏苯三酸。硝基苯羧酸的甲酯化产物的 GC/MS 质谱图如图 4-11 所示。如图 4-11 所示,与 BCAs 类似,硝基苯羧酸甲酯的基峰也为 $[M-31]^+$ 的离子,归属于分子离子丢失一个甲氧基的碎片离子。因此,可以通过分子离子峰和 $[M-31]^+$ 基峰及其他碎片离子确定硝基苯羧酸甲酯分子结构式。如图 4-12 所示,根据 RICO 的反应历程,各类硝基苯羧酸是由 TER 中的不同大分子硝基芳环结构经 RICO 氧化生成的。因此,在 TER_{XL} 的 RICO 产物中均检测出较多硝基苯羧酸,说明 TER_{XL} 中具有较多芳环上的硝基氮,与 XPS 分析结构相一致。

表 4-7　TER_{XL}、TER_{XLT} 和 TER_{SL} RICO 产生的硝基苯羧酸

硝基苯羧酸	分子式	TER_{XL}	TER_{XLT}	TER_{SL}
4-硝基苯甲酸	$C_7H_5NO_4$	√		
4-硝基邻苯二甲酸	$C_8H_5NO_6$	√		
6-硝基偏三甲酸	$C_9H_5NO_8$	√	√	√
3-硝基偏苯三酸	$C_9H_5NO_8$	√	√	
6-甲基-3-硝基偏苯三酸	$C_{10}H_7NO_8$	√		
3-硝基苯均四酸	$C_{10}H_5NO_{10}$	√	√	
3-甲基-6-硝基苯均四酸	$C_{11}H_7NO_{10}$	√		
硝基苯五甲酸	$C_{11}H_5NO_{12}$	√	√	

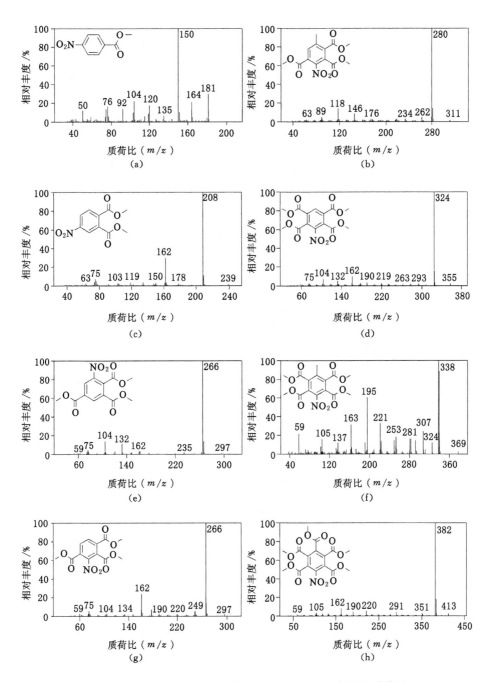

图 4-11 TER 经 RICO 生成的硝基苯羧酸甲酯化产物的质谱图

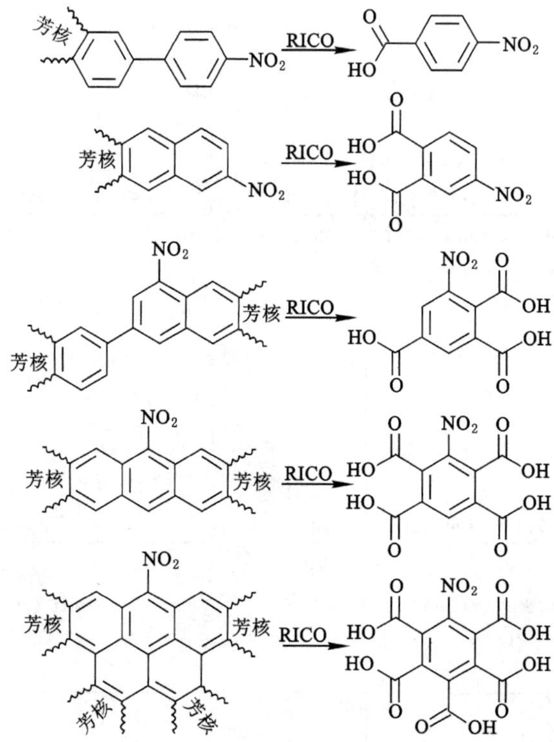

图 4-12　TER 中硝基取代芳环结构 RICO 生成硝基苯羧酸的可能历程

4.5　本章小结

　　超声萃取和逐级热溶已将褐煤中绝大部分可溶有机分子分离出来,有效避免可溶有机分子及其经 RICO 产生的羧酸对褐煤大分子芳环结构造成干扰。本章利用通过对热溶所得残渣(TER)的 RICO,从分子水平上揭示褐煤中难溶有机大分子骨架中缩合芳环的结构特征(连接芳环的亚甲基桥链、烷基侧链以及缩合芳环)。TER_{XL}、TER_{XLT} 和 TER_{SL} 经 RICO 得到可溶物(包括有机相和水相)的收率(质量分数)分别为 33.5%、30.3% 和 30.7%。因此,经逐级超声萃取、逐级热溶和 RICO 降解法,XL、XLT 和 SL 中分别有质量分数为 87.3%、90.6% 和 90.9% 的有机质变为可溶有机分子。热溶残渣的大分子骨架结构主要为环数≥3 的缩合芳环结构,芳环单元结构之间主要以联芳烃的形式相连,含有少量短链亚甲基桥键。芳环结构烷基侧链主要为甲基,含有少量碳数>2 的烷基侧链。

热溶残渣中具有硝基取代的缩合芳环结构,经 RICO 生成硝基苯羧酸。

本章参考文献

[1] HUANG Y G,ZONG Z M,YAO Z S,et al. Ruthenium ion-catalyzed oxidation of Shenfu coal and its residues[J].Energy and Fuels,2008,22 (3):1799-1806.

[2] YAO Z S,WEI X Y,LV J,et al. Oxidation of Shenfu coal with RuO_4 and NaOCl[J].Energy and Fuels,2010,24 (3):1801-1808.

[3] LIU F J,WEI X Y,ZHU Y,et al. Investigation on structural features of Shengli lignite through oxidation under mild conditions[J].Fuel,2013,109:316-324.

[4] LIU F J,WEI X Y,FAN M H,et al. Separation and structural characterization of the low-carbon-footprint high-value products from lignites through mild degradation:a review[J]. Applied Energy,2016,170:415-436.

[5] YU J L,JIANG Y,TAHMASEBI A,et al. Coal oxidation under mild conditions:current status and applications [J]. Chemical Engineering and Technology, 2014, 37 (10): 1635-1644.

[6] WANG Y G,WEI X Y,YAN H L,et al. Structural features of extraction residues from supercritical methanolysis of two Chinese lignites [J]. Energy and fuels, 2013, 27: 4632-4638.

[7] WANG Y G,WEI X Y,XIE R L,et al. Structural characterization of typical organic species in Jincheng No.15 anthracite[J].Energy and Fuels,2015,29:595-601.

[8] LIU F J,WEI X Y,GUI J,et al. Characterization of biomarkers and structural features of condensed aromatics in Xianfeng lignite[J].Energy and Fuels,2013,27:7369-7378.

[9] STOCK L M,WANG S H.Ruthenium tetroxide catalysed oxidation of coals:the formation of aliphatic and benzene carboxylic acids[J].Fuel,1986,65 (11):1552-1562.

[10] ZHANG H,YAN Y,CHENG Z,et al. Structural changes of sub-fractions in residue hydrotreating products by ruthenium catalyzed oxidation[J].Petroleum Science and Technology,2008,26 (16):1945-1962.

[11] MURATA S,TANI Y,HIRO M,et al. Structural analysis of coal through RICO reaction:detailed analysis of heavy fractions[J].Fuel,2001,80 (14): 2099-2109.

5 胜利褐煤在 H_2O_2 和 NaOCl 水溶液中的氧化

选用廉价和容易再生的氧化剂并优化氧化解聚过程是实现煤氧化解聚工艺产业化的基本要求。在已经研究的诸多氧化剂中,H_2O_2 和 NaOCl 水溶液满足价廉、容易再生并在环境中易降解而广泛用于煤的脱硫和氧化获取含氧有机化学品等研究中[1-2]。日本京都大学三浦孝一课题组在用 H_2O_2 水溶液氧化解聚褐煤以获取含氧有机化学品方面做了较多的工作,通过该方法能够选择性和高收率从褐煤中获取了甲酸、乙酸、草酸和丙二酸等小分子脂肪酸,而苯多酸类化合物的收率并不高[3-4]。另外,H_2O_2 水溶液氧化只适用于变质程度较低的煤种。NaOCl 水溶液在温和条件下可以使褐煤、烟煤甚至无烟煤中大部分有机质充分解聚转化为有机小分子化合物,所适用的煤种范围大。NaOCl 水溶液氧化的主要产物为苯多酸类化合物,但同时生成较多氯取代副产物,给高附加值化学品的有效分离带来了挑战。

本章选用低变质程度的胜利褐煤(SL)作为研究对象,考察其在 H_2O_2 和 NaOCl 水溶液中的氧化反应。氧化所得可溶物分别用乙醚和乙酸乙酯进行萃取,所得萃取物分别用 E_1 和 E_2 表示。利用 GC/MS 分别对 E_1 和 E_2 的酯化产物进行检测分析,详细比较 SL 在 H_2O_2 和 NaOCl 水溶液中反应所得可溶物的组成分布特征,从而揭示两种氧化剂对 SL 氧化反应性的差异[5]。

5.1 试验方法与样品分析

5.1.1 NaOCl 水溶液氧化

称取 0.5 g 原煤置于 250 mL 圆底烧瓶中,缓慢加入 30 mL NaOCl 水溶液,在 30 ℃下磁力搅拌反应一段时间。反应结束后,向反应混合液中加入大约 1 g 无水 Na_2SO_3,以分解过量的 NaOCl 水溶液。反应混合液用孔径为 0.45 m 的滤膜过滤得到氧化残渣 1(FC_1)和滤液 1(F_1),FC_1 在 80 ℃下真空干燥 24 h 后称重。F_1 用 36%的浓盐酸酸化至 pH<2 使可溶物中的—COONa 转化为—COOH,继而过滤

得到氧化残渣 2(FC_2)和滤液 2(F_2)。F_2 用 300 mL 乙醚萃取 5 次得到乙醚萃取液(ES_1)和乙醚不溶液(IES_1)。IES_1 接着用 300 mL 乙酸乙酯萃取 5 次得到乙酸乙酯萃取液(ES_2)和乙酸乙酯不溶液(IES_2)。ES_1 和 ES_2 用 $MgSO_4 \cdot nH_2O$ 干燥,减压蒸馏脱除有机溶剂得到萃取物乙醚萃取物(E_1)和乙酸乙酯萃取物(E_2)。IES_2 经旋转蒸发仪蒸除水分后得到乙醚乙酸乙酯不溶物(IEF)。E_1、E_2 和 IEF 分别用 15 mL 新制备的 CH_2N_2/乙醚溶液在 30 ℃ 条件下酯化 8 h。酯化产物氮气流保护下低温浓缩后用 GC/MS 进行定性和定量分析。

5.1.2 H_2O_2 水溶液氧化

称取 0.5 g SL 置于 250 mL 圆底烧瓶中,缓慢加入 30 mL H_2O_2 水溶液,在 30 ℃ 下磁力搅拌反应 24 h。反应结束后滴加适量 5% 的 NaOH 溶液以除去过量的 H_2O_2 水溶液。反应混合液用孔径为 0.45 m 的滤膜过滤得到氧化残渣 1(FC_1)和滤液 1(F_1),FC_1 在 80 ℃ 下真空干燥 24 h 后称重。F_1 用 36% 的浓盐酸酸化至 pH<2 使可溶物中的—COONa 转化为—COOH,继而过滤得到氧化残渣 2(FC_2)和滤液 2(F_2)。F_2 依次用 300 mL 乙醚和乙酸乙酯萃取 5 次分别得到乙醚萃取液(ES_1)和乙酸乙酯萃取液(ES_2)。ES_1 和 ES_2 用 $MgSO_4 \cdot nH_2O$ 干燥,减压蒸馏脱除有机溶剂得到萃取物乙醚萃取物(E_1)和乙酸乙酯萃取物(E_2)。E_1 和 E_2 用 15 mL新制备的 CH_2N_2/乙醚溶液在 30 ℃ 条件下酯化 8 h。酯化产物氮气流保护下低温浓缩后用 GC/MS 进行定性和定量分析。

5.1.3 酯化产物的定性和定量分析

利用 GC/MS 对酯化产物进行定性分析,检测条件为:选用 HP-5MS 型毛细管柱(60.0 m×250 μm×0.25 μm),载气为 He,流速为 1.0 mL/min,分流比为 20:1;进样口温度设定为 250 ℃,EI 源,离子化电压设置为 70 eV,离子源温度为 230 ℃,四级杆温度为 150 ℃;质量扫描范围为 33~500 u。对鉴定化合物按 PBM 法与 NIST05a 谱库化合物标准谱数据进行计算机检索对照,根据置信度或相似度确定化合物的结构。对于谱库难以确定的化合物则依据 GC 保留时间、主要离子峰及特征离子峰、分子量和同位素峰等与文献色谱、质谱资料相对照进行解析。酯化产物的定量分析采用面积归一法,依据质谱检测器的响应值(色谱峰的面积)与被测组分的量在一定的条件限定下成正比的关系,计算被测组分的相对含量。本研究还利用标准化合物己酸甲酯、己二酸二甲酯和邻苯二甲酸二甲酯作为外标物分别对一元酸甲酯、二元酸甲酯和苯甲酸类甲酯化合物进行外标定量,计算被测组分的绝对含量,并基于煤的干燥无灰基计算各组分的收率。

5.2　SL 在 H_2O_2 和 NaOCl 水溶液中氧化所得氧化残渣

SL 在 H_2O_2 水溶液中反应 5 h，反应混合物颜色无明显变化，延长反应时间至 24 h，反应混合物变为棕黄色；SL 在 NaOCl 水溶液中反应 5 h，反应混合物颜色由黑褐色变成橙黄色且在一段时间内无明显变化。SL 在 H_2O_2 水溶液中反应所得 FC_1 和 FC_2 的收率分别为 14.7％和 9.9％，而在 NaOCl 水溶液中反应所得 FC_1 和 FC_2 的收率分别为 12.7％和 6.9％。由此表明两种氧化方法均能将 SL 中大部分有机质转化为水溶性有机物。达到相似的反应效果 H_2O_2 水溶液氧化需要的反应时间更长。

5.3　SL 氧化所得可溶物酯化后的 GC/MS 分析

在本章中 SL 在 H_2O_2 水溶液中反应所得可溶物 E_1 和 E_2 的酯化产物分别表示为 P_{HPE_1} 和 P_{HPE_2}，在 NaOCl 水溶液中反应所得可溶物 E_1 和 E_2 的酯化产物分别表示 P_{SHE_1} 和 P_{SHE_2}。如图 5-1 和图 5-2 所示，利用 GC/MS 分别对 SL 在 H_2O_2 和 NaOCl 水溶液中氧化后所得 E_1 和 E_2 的酯化产物进行检测分析，共检测到 177 种化合物，其中在 P_{HPE_1}、P_{HPE_2}、P_{SHE_1} 和 P_{SHE_2} 中分别检测到 85、74、50 和 37 种化合物。H_2O_2 水溶液氧化所得化合物种类远多于 NaOCl 水溶液氧化。如表 4-1～表 4-7 所列，检测到化合物包括 32 种一元酸（MCAs）、41 种二元酸（DCAs）、5 种三元酸（TCAs）、35 种苯多酸（BCAs）、23 种酯类、19 种烃类化合物（HCs）、7 种含氮化合物（NCSs）、6 种含硫化合物（SCSs）和 9 种其他化合物（OSs）。

5.3.1　MCAs 的分布

如表 5-1 所列，在 SL 的 P_{HPE_1}、P_{HPE_2}、P_{SHE_1} 和 P_{SHE_2} 中共分别检测到 11 种、13 种、12 种和 8 种 MCAs。这些 MCAs 包括 13 种正构烷酸、8 种氯代 MCAs（CSMCAs）、7 种含羰基或羟基的 MCAs 和 4 种其他类 MCAs。所有检测到的正构烷酸存在于 P_{HPE_1} 和 P_{HPE_2} 中，碳数分布为 $C_6 \sim C_{24}$，其中未检测到庚酸、辛酸、十九碳烷酸、二十碳烷酸、二十一碳烷酸和二十三碳烷酸，而在 P_{SHE_1} 和 P_{SHE_2} 中只检测到棕榈酸（峰 143）和硬脂酸（峰 157）这两种正构烷酸。所有 CSMCAs 只在 P_{SHE_1} 和 P_{SHE_2} 检测到，主要是由煤中的酚类结构经 NaOCl 水溶液氯代和氧化反应产生的。含羰基或羟基的 MCAs 主要存在于 P_{HPE_1} 和 P_{HPE_2} 中。由此可知，SL 在 H_2O_2 水溶液中氧化所得 MCAs 主要为正构烷酸和含有含氧官能团

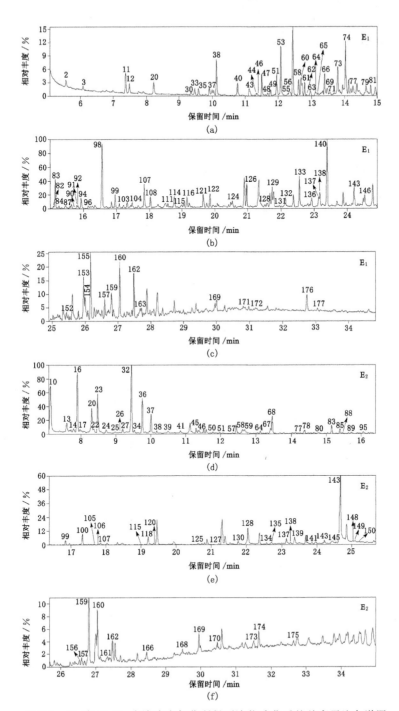

图 5-1　SL 在 H₂O₂ 水溶液中氧化所得可溶物酯化后的总离子流色谱图

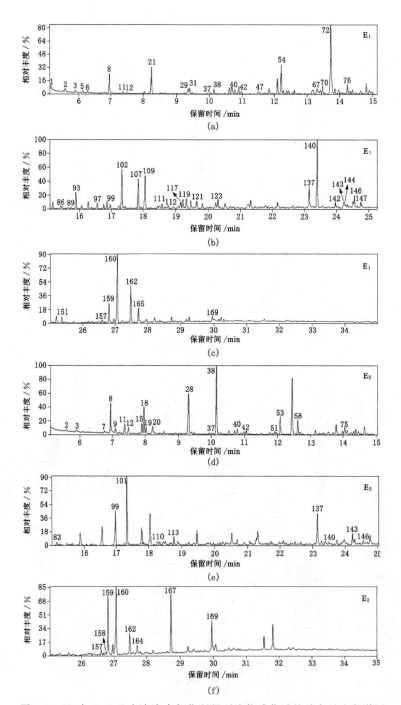

图 5-2　SL 在 NaOCl 水溶液中氧化所得可溶物酯化后的总离子流色谱图

的 MCAs，而在 NaOCl 水溶液中氧化所得 MCAs 则主要为短链氯代烷酸
（CSAAs）。

表 5-1　SL 在 H₂O₂ 和 NaOCl 水溶液中反应所得 MCAs 的分布

No.	MCAs	HPE$_1$	HPE$_2$	SHE$_1$	SHE$_2$
2	2-羰基丙酸	√		√	√
3	氯乙酸			√	√
5	2-氯丙酸			√	
6	2-氯丙烯酸			√	
8	二氯乙酸			√	√
9	2-甲基噁丙环-2-甲酸				√
16	2-羟基丁酸		√		
21	三氯乙酸			√	
26	己酸		√		
30	4-羰基戊酸	√			
36	2-羟基-2-甲基丁酸		√		
42	2-甲基呋喃-3-甲酸			√	√
44	5-羰基己酸	√			
54	2,2-氯戊酸			√	
63	3-乙酰氧基-3-羟基-2-甲基丙酸	√			
72	2,2-二氯己酸			√	
75	5-羰基四氢呋喃-2-甲酸				√
76	2,2-二氯庚酸			√	
78	壬酸		√		
95	癸酸		√		
103	2-(4-甲氧苯基)乙酸	√			
105	十一碳烷酸		√		
118	十二碳烷酸		√		
125	十三碳烷酸		√		
128	十四碳烷酸	√	√		
139	十五碳烷酸		√		
143	棕榈酸	√	√	√	√
145	7-十六碳烯酸		√		
152	十七碳烷酸	√			
157	硬脂酸	√	√	√	√
171	二十二碳烷酸	√			
177	二十四碳烷酸	√			

5.3.2 DCAs 的分布

如表 5-2 所列,SL 在 H_2O_2 和 NaOCl 水溶液中氧化所得可溶物中共检测到 41 种 DCAs,包括 10 中碳数分布为 $C_2 \sim C_{11}$ 的正构烷二酸,10 种烷基(甲基、乙基和丙基)取代烷二酸,7 种含甲氧基、羟基、羧基和乙酰基的烷二酸,3 种含亚甲基或亚乙基取代的烷二酸,4 种烯二酸,7 种含氧杂环的 DCAs。SL 在 H_2O_2 水溶液中氧化所得 DCAs 的种类明显多于在 NaOCl 水溶液中氧化,在 P_{HPE_1}、P_{HPE_2}、P_{SHE_1} 和 P_{SHE_2} 中共分别检测到 30 种、13 种、7 种和 9 种 DCAs。大部分 DCAs 在 P_{HPE_1} 中检测到,说明 DCAs 易于被乙醚萃取。

表 5-2   SL 在 H_2O_2 和 NaOCl 水溶液中反应所得 DCAs 的分布

No.	DCAs	HPE$_1$	HPE$_2$	SHE$_1$	SHE$_2$
7	草酸				√
20	丙二酸	√	√		√
25	2-甲基丙二酸		√		
35	2-亚甲基丙二酸	√			
37	富马酸	√	√	√	√
38	琥珀酸	√	√		√
40	2-甲基琥珀酸	√		√	√
43	2-甲氧基丙二酸				
45	2-甲基马来酸		√		
46	2-亚甲基琥珀酸	√	√		
48	2-亚乙基丙二酸	√			
49	3-羟基-2-甲基戊二酸	√			
50	2-羟基-2-甲基琥珀酸		√		
51	2-羟基琥珀酸	√	√		√
53	戊二酸	√			√
55	2-甲氧基琥珀酸	√			
56	2-乙基琥珀酸	√			
58	2-甲基噁丙环-2,3-二甲酸	√	√		√
60	3-甲基戊二酸	√			
61	2-甲基戊二酸	√			
64	2-乙酰氧基丙二酸	√	√		

表 5-2(续)

No.	DCAs	HPE₁	HPE₂	SHE₁	SHE₂
65	2-丙基琥珀酸	√			
73	2-异丙基琥珀酸	√			
74	己二酸	√			
77	2-甲氧基马来酸	√	√		
79	2-甲基己二酸	√			
81	3-甲基己二酸	√			
82	呋喃-3,4-二甲酸	√			
88、96、123	7-氧杂二环[2.2.1]庚-2-烯-2,3-二甲酸	√	√	√	
91	庚二酸	√			
102	2-甲基呋喃-3,4-二甲酸			√	
104	辛二酸	√			
106	3-羰基己二酸		√		
109	2-氯-3-(二氯甲基)富马酸			√	
110	5-羰基四氢呋喃-2,3-二甲酸				√
116	壬二酸	√			
119	呋喃-2,5-二甲酸			√	
124	癸二酸	√			
131	十一碳烷二酸	√			

碳数分布范围为 $C_6 \sim C_{11}$ 的正构烷二酸只出现在 H_2O_2 水溶液氧化所得可溶物中,而在 NaOCl 水溶液氧化所得可溶物中则只检测到碳数分布为 $C_2 \sim C_5$ 的正构烷二酸,其中草酸(峰 7)只在 P_{SHE_2} 中检测到。绝大部分含甲氧基、羟基、羰基和乙酰基的烷二酸只在 H_2O_2 水溶液氧化所得可溶物中检测到且主要存在于 P_{HPE_1} 中,而在 NaOCl 水溶液氧化所得可溶物中只检测到 2-羟基琥珀酸(峰 51)。由此可知,SL 在两种氧化剂中氧化所得 DCAs 的分布存在明显的差异,大部分较长链的正构烷二酸和含有含氧化官能团的烷二酸存在于 H_2O_2 水溶液氧化所得可溶物中,而 NaOCl 水溶液氧化所得 DCAs 种类较少且主要为短链烷二酸。

5.3.3 TCAs 的分布

如表 5-3 所列,SL 在 H_2O_2 和 NaOCl 水溶液中反应所得 TCAs 共 5 种,其中两种含有双键。在 SL 的 P_{HPE_1}、P_{HPE_2} 和 P_{SHE_2} 中分别检测到 3 种 TCAs,而在

P_{SHE_1} 中只检测到 1 种 TCAs。TCAs 中相对含量最高的为 1,2,3-戊三酸(峰 99)且在所有萃取物中均出现。1,1,2-丁烯三酸(峰 90)和 1,2,3-戊烯三酸(峰 100)这两种含双键的 TCAs 只在 H_2O_2 水溶液氧化所得可溶物中检测到,可能是由于双键易于被 NaOCl 水溶液氧化导致的。

表 5-3　SL 在 H_2O_2 和 NaOCl 水溶液中反应所得 TCAs 的分布

No.	TCAs	HPE_1	HPE_2	SHE_1	SHE_2
83	1,1,2-丁三酸	√	√		√
90	1,1,2-丁烯三酸	√			
99	1,2,3-戊三酸	√	√	√	√
100	1,2,3-戊烯三酸		√		
113	1,2,4-己三酸				√

5.3.4　BCAs 的分布

如表 5-4 所列,SL 在 H_2O_2 和 NaOCl 水溶液中氧化所得可溶物中共检测到 35 种 BCAs,包括 11 种苯甲酸、10 种苯二甲酸、5 种苯三甲酸、8 种苯四甲酸和 1 种苯五甲酸。在 P_{HPE_1}、P_{HPE_2}、P_{SHE_1} 和 P_{SHE_2} 中分别检测到 26 种、7 种、15 种和 9 种 BCAs。除苯甲酸(峰 59)只在 P_{HPE_2} 中出现外,绝大部分苯甲酸和苯二甲酸只在 P_{HPE_1} 和 P_{SHE_1} 中检测到,说明这些化合物易于被乙醚萃取。12 种 BCAs 含有酚羟基和甲氧基取代基且这些 BCAs 只在 P_{HPE_1} 中出现,其中 4-甲氧基苯甲酸(峰 98)和一羟基一甲氧基三甲基苯甲酸(峰 129、132 和 133)的相对含量最高。甲氧基可能是酚羟基经重氮甲烷甲酯化生成的。在 SL 的 NaOCl 水溶液氧化所得可溶物中并未检测到含酚羟基和甲氧基的 BCAs,这是由于 SL 中酚类结构经 NaOCl 水溶液氧化生成了 CSAAs,而这些氯代烷酸在 MCAs 已经得到了验证。因此,SL 在两种氧化剂中氧化所得 BCAs 的分布也存在明显的差异,在 H_2O_2 水溶液中氧化所得 BCAs 种类较复杂且生成了一些含羟基和甲氧基的 BCAs;而在 NaOCl 水溶液中氧化生成的 BCAs 的种类较少,选择性较高,主要为不含取代基的 BCAs。

表 5-4　SL 在 H_2O_2 和 NaOCl 水溶液中反应所得 BCAs 的分布

No.	BCAs	HPE_1	HPE_2	SHE_1	SHE_2
59	苯甲酸		√		
69	2-羟基苯甲酸	√			

表 5-4(续)

No.	BCAs	HPE₁	HPE₂	SHE₁	SHE₂
71	3-甲基苯甲酸	√			
87	3,5-二甲基苯甲酸	√			
92	2-甲氧基苯甲酸	√			
94	3-甲氧基苯甲酸	√			
98	4-甲氧基苯甲酸	√			
107	邻苯二甲酸	√	√	√	
111	对苯二甲酸	√		√	
112	间苯二甲酸			√	
117、121、127、142	一甲基苯二甲酸	√		√	
122	3,4-二甲氧基苯甲酸	√			
126	4,5-二甲基邻苯二甲酸	√			
129、132、133	一羟基一甲氧基三甲基苯甲酸	√			
136	苯并[d][1,3]二噁唑-5,6-二甲酸				
137	1,2,3-苯三甲酸	√	√	√	√
140	1,2,4-苯三甲酸			√	
144	1,3,5-苯三甲酸			√	
146、147	一甲基苯三甲酸	√		√	√
153～155	一甲氧基苯四甲酸	√			
159	1,2,3,4-苯四甲酸	√	√	√	
160	1,2,4,5-苯四甲酸	√	√	√	
162	1,2,3,5-苯四甲酸	√	√	√	
164、176	一甲基苯四甲酸甲酯				√
169	1,2,3,4,5-苯五甲酸	√	√	√	√
172	3-(4-羧基苯氧基)-4-甲氧基苯甲酸	√			

5.3.5 酯类的分布

如表 5-5 所列,SL 在 H₂O₂ 和 NaOCl 水溶液中反应所得酯类共 23 种,其中包括 12 种乙酸酯、6 种甲乙酯、3 种二乙酯、1 种棕榈酸乙酯(峰 148)和 1 种硬脂酸乙酯(峰 161)。在 P$_{HPE_1}$ 和 P$_{HPE_2}$ 中分别检测到 6 种和 13 种酯类,更多的酯类主要分布在 P$_{HPE_2}$ 中可能是由于酯类化合物易于被乙酸乙酯萃取。在 P$_{SHE_1}$ 中只检测到三氯乙酸乙酯(峰 31)和琥珀酸甲乙酯(峰 47)两种酯类,在 P_{SHE_2} 中则只检测到羰基丙酸甲乙酯(峰 18)、二氯乙酸乙酯(峰 19)和丙酸二乙酯(峰 28)三种酯类。二氯乙酸乙酯和三氯乙酸乙酯也是由 SL 中的酚类结构经 NaOCl 水溶液氧化产生的。SL 在 H_2O_2 水溶液中氧化生成更多的酯类可能是由于 H_2O_2 水溶液更易于破坏 SL 中弱共价键(如醚桥键)生成酯类,而 NaOCl 水溶液则优先进攻 SL 中的缩合芳环结构。

表 5-5   SL 在 H_2O_2 和 NaOCl 水溶液中反应所得酯类的分布

No.	酯类	HPE$_1$	HPE$_2$	SHE$_1$	SHE$_2$
10	2-羟基乙基乙酸酯		√		
14	1-羟基丙烷-2-基乙酸酯		√		
17	2-乙氧基乙基乙酸酯		√		
18	羰基丙酸甲乙酯				√
19	二氯乙酸乙酯				√
22	3-甲氧基丙基乙酸酯		√		
27	2-羰基丙基乙酸酯		√		
28	丙酸二乙酯				√
31	三氯乙酸乙酯			√	
32	乙烷-1,2-二基二乙酸酯		√		
33	丙二酸甲乙酯	√			
34	乙基甲基丙二酸酯		√		
41	丁烷-2,3-二基二乙酸酯		√		
47	琥珀酸甲乙酯	√		√	
52	戊二酸甲乙酯		√		
57	2-乙基己基乙酸酯		√		
62	琥珀酸二乙酯	√			
66	己二酸甲乙酯	√			
68	丁烷-1,4-二基二乙酸酯		√		
80	2,2'-氧代二(乙烷-2,1-二基)二乙酸酯		√		
84	己二酸二乙酯	√			
148	棕榈酸乙酯		√		
161	硬脂酸乙酯		√		

5.3.6 HCs 的分布

如表 5-6 所列,共检测到 19 种 HCs,包括 7 种芳烃、9 种烷烃和 3 种烯烃。检测到的烷烃碳数分布为 $C_{17} \sim C_{28}$,大部分为正构烷烃且只出现在 P_{HPE_2} 中,而在 NaOCl 水溶液氧化所得可溶物中并未检测到烷烃。检测到 1-十五碳烯(峰 135)、1-十八碳烯(峰 150)和 1-二十三碳烯(峰 174)。在 H₂O₂ 和 NaOCl 水溶液中均检测到如甲苯和萘及其同系物,说明 SL 中独立存在的苯和萘结构难以被氧化。

表 5-6 SL 在 H₂O₂ 和 NaOCl 水溶液中反应所得 HCs 的分布

No.	HCs	HPE₁	HPE₂	SHE₁	SHE₂
4	甲苯	√			
11	乙苯	√		√	√
12	对二甲苯	√		√	√
15	间二甲苯				√
67	萘		√	√	
85	2-甲基萘		√	√	
89	1-甲基萘	√	√	√	
127	正十七碳烷		√		
134	正十九碳烷		√		
135	1-十五碳烯		√		
141	10-甲基二十碳烷		√		
149	正二十碳烷		√		
150	1-十八碳烯		√		
166	2-甲基二十三碳烷		√		
168	正二十五碳烷		√		
170	正二十六碳烷		√		
173	正二十七碳烷		√		
174	1-二十三碳烯		√		
175	正二十八碳烷		√		

5.3.7 NCSs、SCSs 和 OSs 的分布

如表 5-7 和表 5-8 所列,SL 在 H₂O₂ 水溶液中氧化所得可溶物中分别检测到 3 种 NCSs、5 种 SCSs 和 5 种 OSs,而在 NaOCl 水溶液氧化所得可溶物中分别检测到 4 种 NCSs、1 种 SCSs 和 4 种 OSs。检测到的 NCSs 和 SCSs 揭示了 SL 中部分有机氮和有机硫的存在形式。SCSs 的质谱图如图 5-3 所示,由 SCSs

的结构推测 SL 中有机硫主要以噻吩和噻唑的形式存在,2-(4-磺胺〈对氨基苯磺酰〉苯胺基)乙醇(峰 163)可能使由芳香硫醚经氧化产生的。4 种含噻吩结构的 SCSs 只出现在 H_2O_2 水溶液中氧化所得可溶物中,而在 NaOCl 水溶液中氧化所得可溶物中只检测到 2-甲氧基-1,3-二噻唑-4,5-二甲酸(峰 158)1 种 SCSs。OSs 包括 4 种酮和 2 种醇类化合物,在 H_2O_2 水溶液中氧化所得可溶物中还检测到磷酸三甲酯(峰 23)和 1,1,2,2-丁四酸(峰 115)。

表 5-7　SL 在 H_2O_2 和 NaOCl 水溶液中反应所得 NCSs 的分布

No.	化合物	HPE$_1$	HPE$_2$	SHE$_1$	SHE$_2$
	NCSs				
93	8-丙基喹啉			√	
97	2-硝基丙二酸			√	
101	1-甲基-1H-咪唑-4,5-二甲酸				√
120	2,6-吡啶二酸		√		
130	N,4-二甲基-N-苯乙基苯磺酰胺		√		
151	2,3,4-三甲基苯并[h]喹啉			√	
176	N,4-二甲基-N-甲苯磺酰苯磺酰胺	√			

表 5-8　SL 在 H_2O_2 和 NaOCl 水溶液中反应所得 SCSs 和 OSs 的分布

No.	化合物	HPE$_1$	HPE$_2$	SHE$_1$	SHE$_2$
	SCSs				
108	噻吩-2,3-二甲酸	√			
114	噻吩-2,5-二甲酸	√			
138	噻吩-2,3,5-三甲酸	√	√		
156	噻吩-2,3,4,5-四甲酸		√		
158	2-甲氧基-1,3-二噻唑-4,5-二甲酸				√
163	2-(4-磺胺〈对氨基苯磺酰〉苯胺基)乙醇	√			
	OSs				
1	四氯化碳			√	
13	1,3-二氯丙烷-2-酮		√		
23	磷酸三甲酯		√		
24	3-亚甲基二氢呋喃-2,5-二酮		√		
29	1,1,1-三氯-2-甲基丙烷-2-醇			√	
39	3,4-二甲基呋喃-2,5-二酮		√		

表 5-8(续)

No.	化合物	HPE₁	HPE₂	SHE₁	SHE₂
70	1,1,1,3-四氯-2-甲基丙烷-2-醇			√	
115	1,1,2,2-丁四酸	√	√		
165	2-叔-丁基蒽-9,10-二酮			√	

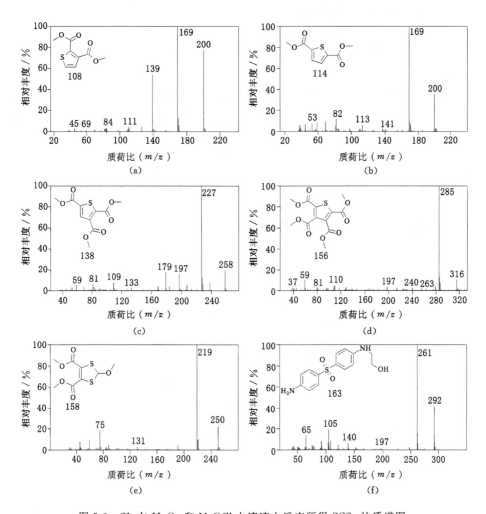

图 5-3　SL 在 H₂O₂ 和 NaOCl 水溶液中反应所得 SCSs 的质谱图

5.4 SL 在 H_2O_2 和 NaOCl 水溶液中氧化所得可溶物含量分布

SL 在 H_2O_2 和 NaOCl 水溶液中氧化所得 MCAs 的种类和含量差异明显。如图 5-4 所示,MCAs 的相对含量按 P_{HPE_2} > P_{SHE_1} > P_{SHE_2} > P_{HPE_1} 的顺序依次递减,相对含量分别为 34.7%、25.6%、11.0%和 7.3%。SL 在 H_2O_2 水溶液中氧化所得 MCAs 主要为正构烷酸和含有含氧官能团的 MCAs。在 P_{HPE_1} 中,棕榈酸(峰 143)的相对含量最高,为 3.6%;在 P_{HPE_2} 中,棕榈酸和 2-羟基丁酸(峰 16)的相对含量最高,分别为 11.5%和 10.8%,这两种 MCAs 的相对含量约占 P_{HPE_2} 中 MCAs 总含量的 64%。SL 在 NaOCl 水溶液中氧化所得 MCAs 主要为 CSAAs。在 P_{SHE_1} 中,CSMCAs 的相对含量为 23%,占 P_{SHE_1} 中 MCAs 总含量的 90%,其中 2,2-二氯己酸(峰 72)的含量最高,约占 12%;在 P_{SHE_2} 中,CSMCAs 的相对含量为 5%,占 P_{SHE_2} 中 MCAs 总含量的 47%,其中二氯乙酸(峰 8)的含量最高。

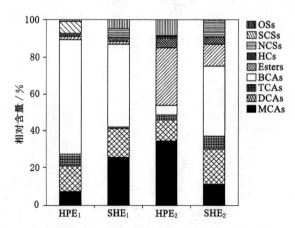

图 5-4　SL 在 H_2O_2 和 NaOCl 水溶液中反应所得可溶物的含量分布

DCAs 的相对含量按 P_{SHE_2} > P_{SHE_1} > P_{HPE_1} > P_{HPE_2} 的顺序依次递减,但差异不明显,其相对含量分别为 19.2%、15.7%、13.5%和 11.3%。H_2O_2 水溶液氧化所得 DCAs 种类较为复杂但其相对含量普遍比较低。在 P_{HPE_1} 中,壬二酸(峰 116)的相对含量最高,但只有 1.5%;在 P_{HPE_2} 中,丙二酸(峰 20)的相对含量最高,为 4.6%,其次是富马酸(峰 37),为 3%。NaOCl 水溶液氧化所得 DCAs 种类较少但含量较高。在 P_{SHE_1} 中,2-甲基呋喃-3,4-二甲酸(峰 102)和 2-氯-3-(二氯甲基)富马酸(峰 109)的相对含量最高,分别为 5.9％和 5.7％;在 P_{SHE_2} 中,琥珀酸(峰 38)的相对含量最高,达到 9.9％,占 P_{SHE_2} 中 DCAs 总含量的 51％。

H_2O_2 和 NaOCl 水溶液氧化所得 TCAs 的相对含量均比较低,按 $P_{SHE_2} > P_{HPE_1} > P_{HPE_2} > P_{SHE_1}$ 的顺序依次减少,分别为 6.8％、6.2％、2.6％和 0.7％。在 P_{HPE_1} 和 P_{HPE_2} 中,1,1,2-丁三酸(峰 83)的相对含量最高,分别为 4.2％和 1.3％;而在 P_{SHE_1} 和 P_{SHE_2} 中则是 1,2,3-戊三酸(峰 99)的相对含量最高,分别为 0.7％和 4.8％。

BCAs 的相对含量按 $P_{HPE_1} > P_{SHE_1} > P_{SHE_2} \gg P_{HPE_2}$ 的顺序依次递减,分别为 62.3％、44.9％、37.8％和 5.2％。总体上看,SL 在 NaOCl 水溶液中氧化所得 BCAs 的含量高于在 H_2O_2 水溶液中氧化所得。如图 5-5 所示,在 P_{HPE_1} 中,苯甲酸类化合物的相对含量最高且主要以含甲氧基和羟基取代的苯甲酸为主,达到 25.7％,占 P_{HPE_1} 中 BCAs 总含量的 41％,其中 4-甲氧基苯甲酸(峰 98)的相对含量最高,为 10.4％,但在 P_{HPE_1} 中相对含量最高的 BCAs 为 1,2,4-苯三甲酸(峰 140),其含量为 11.4％;在 P_{SHE_1} 中并未检测到苯甲酸以及含甲氧基和羟基的 BCAs,相对含量最高的 BCAs 为苯三甲酸和苯四甲酸,分别为 16.9％和 17.7％,两者含量占 P_{SHE_1} 中 BCAs 总含量的 77％,其中 1,2,4-苯三甲酸(峰 140)和 1,2,4,5-苯四甲酸(峰 160)的相对含量最高,分别为 10.5％和 9.9％。在 P_{HPE_2} 中,各类 BCAs 的相对含量比较低,其中苯四甲酸的相对含量最高,为 2.8％;P_{SHE_2} 中 BCAs 的相对含量远大于 P_{HPE_2},其中并未检测到苯甲酸和苯二甲酸,苯四甲酸的相对含量最高,达到 27.9％,占 P_{SHE_2} 中 BCAs 总含量的 74％,其中 1,2,4,5-苯四甲酸的相对含量最高,为 8.9％。

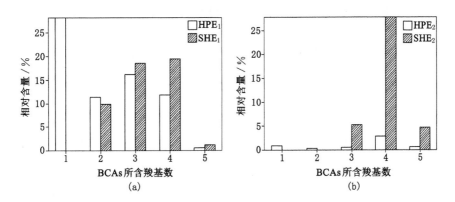

图 5-5　SL 在 H_2O_2 和 NaOCl 水溶液中反应所得 BCAs 的含量分布
(a) SL 在 H_2O_2 水溶液中反应所得 BCAs 的含量分布;
(b) SL 在 NaOCl 水溶液中反应所得 BCAs 的含量分布

酯类易于被乙酸乙酯萃取,主要分布在 E_2 中。SL 在 H_2O_2 水溶液中氧化所得酯类的含量明显高于 NaOCl 水溶液氧化。酯类的相对含量按 $P_{HPE_2} \gg P_{SHE_2} \gg P_{HPE_1} > P_{SHE_1}$ 的顺序依次递减,分别为 31.4%、11.9%、1.7% 和 1.6%。在 P_{HPE_2} 中,乙烷-1,2-二基二乙酸酯(峰 32)和 2-羟基乙基乙酸酯的相对含量最高(峰 10),分别为 13.8% 和 9.5%;在 P_{SHE_2} 中,丙酸二乙酯(峰 28)相对含量最高,为 7.2%。

HCs 的相对含量按 $P_{HPE_2} > P_{SHE_2} > P_{SHE_1} > P_{HPE_1}$ 顺序依次递减,含量普遍较低。P_{HPE_2} 中的 HCs 相对含量为 5.3% 且主要以正构烷烃为主;P_{SHE_2} 中的 HCs 则以 1~2 个环的芳烃为主,其相对含量为 3.8%。

NCSs 主要分布在 NaOCl 水溶液氧化所得可溶物中,在 P_{SHE_2} 中的相对含量最高,达到 9.0%。SCSs 则主要分布在 H_2O_2 水溶液氧化所得可溶物中,在 P_{HPE_1} 中的相对含量最高,为 6.3%,其中噻吩-2,3-二羧酸(峰 114)的相对含量最高。P_{HPE_2} 中 OSs 的相对含量最高,为 8.6%,其中磷酸三甲酯(峰 23)的相对含量最高,达到 6.7%。

总之,SL 在 H_2O_2 和 NaOCl 水溶液中反应所得可溶物的组成在化合物种类和含量分布上都存在明显的差异,表明两种氧化方法的反应机理不同。Miura 等[3]认为 H_2O_2 水溶液首先破坏煤中的弱共价键如醚键(C—O—C)等生成大分子水溶性化合物,进一步氧化生成小分子脂肪酸,同时部分芳环结构也发生断裂生成小分子脂肪酸,这从某种程度上解释了 H_2O_2 水溶液氧化褐煤的反应机理。H_2O_2 水溶液氧化能够引入—OH,因此 SL 在 H_2O_2 水溶液反应生成较多含羟基和甲氧基等官能团的 MCAs 和 DCAs。H_2O_2 水溶液破坏 SL 中芳环结构周围的弱共价键断链导致生成大量含酚羟基的苯甲酸,酚羟基经重氮甲烷酯化生成甲氧基,因此检测到大量含甲氧基的苯甲酸。另外,H_2O_2 水溶液也能破坏部分含有羧基和羟基的缩合芳环结构导致苯三甲酸和苯四甲酸的产生。NaOCl 水溶液的氧化性强于 H_2O_2 水溶液。前人的研究表明,NaOCl 水溶液优先进攻煤中的缩合芳环结构生成 BCAs,这也是 SL 在 NaOCl 水溶液中反应主要生成 BCAs 的原因。煤中的酚类结构经 NaOCl 水溶液氧化生成了 CSAAs[6-8],导致 SL 在 NaOCl 水溶液中反应生成的 MCAs 主要为 CSAAs 而并未检测到含羟基和甲氧基的 BCAs。SL 在 NaOCl 水溶液中反应生成的 DCAs 主要为短链烷二酸,可能是由 SL 中的氢化芳环结构产生的。

5.5 本章小结

本章比较了 SL 在 H_2O_2 和 NaOCl 水溶液中的氧化反应,利用 GC/MS 对反应所得可溶物进行分析。SL 在 H_2O_2 水溶液中氧化所得 MCAs 主要为正构烷酸和含有含氧官能团的 MCAs,而在 NaOCl 水溶液中氧化所得 MCAs 以 CSAAs 为主。SL 在 H_2O_2 水溶液中氧化所得可溶物含较长链的烷二酸和含有含氧官能团的烷二酸且种类较为复杂,而在 NaOCl 水溶液中氧化则主要生成的 DCAs 的选择性较高且主要为短链烷二酸。SL 在 H_2O_2 水溶液中氧化所得 BCAs 的含量低于在 NaOCl 水溶液中氧化所得 BCAs 的含量,主要为含甲氧基和羟基取代的苯甲酸,而 NaOCl 水溶液氧化则主要生成苯三甲酸和苯四甲酸。SL 在 H_2O_2 水溶液中氧化所得可溶物含有丰富的酯类,且酯类主要分布在 E_2 中。正构烷烃只出现在 H_2O_2 水溶液氧化所得可溶物中,而 NaOCl 水溶液氧化所得可溶物中检测到 1~2 环的芳烃。通过试验结果推测 H_2O_2 水溶液主要优先破坏 SL 中较弱的共价键(如醚键等),导致生成较多的含有含氧官能团的 MCAs 和 DCAs 以及酯类化合物,BCAs 则以含甲氧基和羟基的苯甲酸为主;NaOCl 水溶液则主要优先进攻 SL 中的缩合芳环结构,主要生成 CSAAs 和含羧基数目较多的 BCAs。因此,H_2O_2 水溶液氧化所需反应时间长,所得可溶物组分较复杂且生成的 BCAs 选择性不高;NaOCl 水溶液氧化反应效果好,所得可溶物组分较简单生成的 DCAs 和 BCAs 选择性高,但同时生成了大量副产物 CSAAs,不利于后续分离。

本章参考文献

[1] LIU F J,WEI X Y,FAN M H,et al. Separation and structural characterization of the low-carbon-footprint high-value products from lignites through mild degradation:a review[J]. Applied Energy,2016,170:415-436.

[2] YU J L,JIANG Y,TAHMASEBI A,et al. Coal oxidation under mild conditions:current status and applications [J]. Chemical Engineering and Technology, 2014, 37 (10): 1635-1644.

[3] MIURA K,MAE K,OKUTSU H,et al. New oxidative degradation method for producing fatty acids in high yields and high selectivity from low-rank coals[J].Energy and Fuels, 1996,10 (6):1196-1201.

[4] MAE K,SHINDO H,MIURA K.A new two-step oxidative degradation method for producing valuable chemicals from low rank coals under mild conditions[J]. Energy and Fuels,2001,15 (3):611-617.

[5] LIU F J,WEI X Y,ZHU Y,et al. Investigation on structural features of Shengli lignite through oxidation under mild conditions[J].Fuel,2013,109:316-324.

[6] YAO Z S,WEI X Y,LV J,et al. Oxidation of Shenfu coal with RuO_4 and NaOCl[J].Ener-

褐煤有机质的组成结构特征和温和转化基础研究

gy and Fuels,2010,24 (3):1801-1808.

[7] 宫贵贞,魏贤勇,姚子硕,等.霍林郭勒褐煤在 NaOCl 水溶液中的氧化反应[J].武汉科技大学学报,2010,33(1):66-70.

[8] 宫贵贞,魏贤勇,王双丽,等.东滩烟煤在 NaOCl 水溶液中的氧化解聚[J].中国矿业大学学报,2011,40(4):603-607.

6 褐煤超声萃余物的超临界 NaOH/甲醇解反应

褐煤有机质中含有丰富的具有高附加值的含氧有机化合物，它们以含氧桥键等共价键相连形成常温下难溶于有机溶剂的大分子网络结构。低碳烷醇在超临界条件下可以作为亲核试剂进攻褐煤中的含氧桥键，使大分子结构解聚为可溶的含氧有机小分子[1]。这些含氧有机小分子具有很高的应用价值，可作为原料用于合成精细化学品及其有机中间体[2]。醇解的反应温度和压力等条件相比传统转化工艺也更为温和，操作更为简单。因此，在较温和条件下，以褐煤为原料通过醇解手段获取高附加值含氧化学品可能是实现褐煤高效利用的一种有效途径。相关研究表明，NaOH 和 KOH 等无机碱可以有效促进煤的醇解反应，显著提高醇解可溶物的收率[3-14]。以往的研究对醇解可溶物的表征局限于元素分析、FTIR 分析、NMRS 分析和 GC/MS 分析等。元素分析、FTIR 分析和 NMRS 分析只能提供元素组成和官能团信息，而醇解可溶物中极性大和难以挥发的含氧化合物很难被 GC/MS 检测到。因此，通过醇解可溶物组成推测煤结构特征也受到限制。此外，醇解产物萃取选用的溶剂如吡啶、甲苯和四氢呋喃等沸点较高，较难回收，且吡啶和四氢呋喃毒性较大。

本章研究 XL、XLT 和 SL 的超声萃余物（UER）的超临界 NaOH/甲醇解反应。选取萃取残渣作为醇解的原料可以避免褐煤中固有的可溶组分对醇解可溶物组成分析造成干扰。三种萃取残渣来自褐煤逐级超声萃取，为了方便描述，三种残渣分别表示为 UER_{XL}、UER_{XLT} 和 UER_{SL}。对醇解可溶物的后续萃取分离，试验选用石油醚、CS_2 和乙醚等易回收的低沸点溶剂。醇解可溶物的详细化学组成用 FTIR、GC/MS、直接实时分析离子源/离子阱质谱仪（DARTIS/ITMS）、ASAP/TOF-MS 和电喷雾傅立叶变换离子回旋共振质谱仪（ESI FT-ICRMS）等现代分析技术进行分析，为醇解所得高附加值含氧化学品的后续分离和利用提供依据。此外，通过醇解产物的组成分析及推断它们的生成机理，有利于进一步了解褐煤有机质结构特征。

6.1 试验方法

三种褐煤 UER 分别用 UER_{XL}、UER_{XLT} 和 UER_{SL} 表示。如图 6-1 所示,取 1 g UER、20 mL 甲醇和 1 g NaOH 放入 100 mL 的高压釜中,用 N_2 排出釜内的空气后快速加热至 300 ℃ 达到超临界状态并在此温度下反应 2 h。将高压釜置于水浴中冷却后,取出反应混合物过滤分离得到滤液 1(F_1)和滤饼 1(FC_1)。FC_1 用等体积的 CS_2/丙酮混合溶剂反复洗涤。合并滤液和洗涤液并用旋转蒸发仪除去溶剂得到可溶组分。可溶组分依次用 PE 和 CS_2 在超声辐射下萃取,得到萃取物 1(E_1)、萃取物 2(E_2)和 CS_2 不溶组分。CS_2 不溶组分用盐酸酸化至 pH<2,生成褐色絮状沉淀,过滤分离得到滤饼 2(FC_2)和滤液 2(F_2)。FC_2 和 F_2 分别在超声辐射下用石油醚和乙醚萃取得到萃取物 3(E_3)和萃取物 4(E_4)。用 FTIR、GC/MS、DARTIS/ITMS、ASAP/TOF-MS 和 ESI FT-ICRMS 等分析技术分析 $E_1 \sim E_4$ 的化学组成。

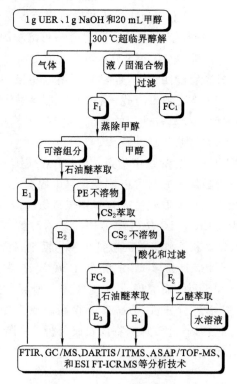

图 6-1 褐煤 UER 的超临界 NaOH/甲醇解反应、后续处理和分析的流程

6.2 UER$_{XL}$、UER$_{XLT}$和 UER$_{SL}$的碳骨架结构

利用固体^{13}C NMRS 对 UER$_{XL}$、UER$_{XLT}$和 UER$_{SL}$有机质结构中的碳骨架结构进行分析。萃取残渣中不同类型碳的化学位移和它们的归属结构参照以往文献[15-19]。NMR 谱图用 PeakFit 软件进行分峰拟合,以获得更多碳骨架结构信息。如图 6-2 所示,三种 UER 的^{13}C NMR 谱图根据化学位移(δ)明显地分为脂肪碳区（0～90×10^{-6}）、芳碳区（90×10^{-6}～170×10^{-6}）和羰基碳区（170×10^{-6}～220×10^{-6}）三个谱带。从图中还可看出,UER$_{XL}$和 UER$_{XLT}$的脂肪碳强度高于芳碳,而 UER$_{SL}$中芳碳的强度高于脂肪碳,说明 UER$_{XL}$和 UER$_{XLT}$中脂肪碳含量相对较高,而 UER$_{SL}$中芳碳含量较高。

如图 6-2 所示,通过分峰拟合,NMR 谱图进一步被分为 16 个峰。每个峰代表 UER 中不同类型的碳,它们的化学位移、结构归属和摩尔分数如表 6-1 所列。如图 6-2 和表 6-1 所示,三种 UER 中脂肪碳和芳碳含量均占绝对优势,羰基碳的含量较低。在脂肪碳中,—CH$_2$—（f_{al}^3,31.1×10^{-6}）的含量最高,而 RCH$_3$（f_{al}^1,14.8×10^{-6}）和 ArCH$_3$（f_{al}^a,20.3×10^{-6}）含量则较低,说明三种 UER 中富含亚甲基结构,而甲基的含量相对较低。f_{al}^3的摩尔分数按 UER$_{XL}$＞UER$_{XLT}$＞UER$_{SL}$的顺序递减。CH$_3$OCH$_2$—（f_{al}^{O1},57.4×10^{-6}）、—CH$_2$OCH$_2$—（f_{al}^{O2},74.5×10^{-6}）和 RCH$_2$OH 或＞CHOH（f_{al}^{O3},86.5×10^{-6}）的摩尔分数也按 UER$_{XL}$＞UER$_{XLT}$＞UER$_{SL}$ 的 顺 序 降 低。UER$_{XLT}$ 中 RCH$_2$CH$_3$（ f_{al}^2,25.3×10^{-6}）、次甲基 CH 和季碳 C（f_{al}^4,45.1×10^{-6}）的含量明显高于 UER$_{XL}$和 UER$_{SL}$,推测 UER$_{XLT}$中含较多的乙基、叔碳和季碳。芳碳（90×10^{-6}～170×10^{-6}）类型可分为质子化芳碳（f_a^H,109.9×10^{-6}、117.7×10^{-6}和 124.6×10^{-6}）、芳桥碳（f_a^b,130.5×10^{-6}）、烷基取代芳碳（f_a^a,145.1×10^{-6}）和 ArOH 或 ArOR（f_a^O,154.4×10^{-6}）,其中 f_a^H 和 f_a^b 的含量最高,说明 UER 中的芳碳以非取代的质子化芳碳和芳桥碳为主。f_a^H摩尔分数按 UER$_{XL}$＜UER$_{XLT}$＜UER$_{SL}$的顺序递增,f_a^b 则按 UER$_{XLT}$＜ UER$_{XL}$＜ UER$_{SL}$的顺序增加。f_a^a 的摩尔分数按 UER$_{XL}$＜UER$_{XLT}$＜UER$_{SL}$的顺序增加,而 f_a^O 的含量正好相反,说明 UER$_{SL}$中的芳环结构上含较多的烷基,而 UER$_{XL}$和 UER$_{XLT}$中的芳环上含—OH 和—OR 相对较多。UER 中的羰基碳含量均较低,主要存在于—COOH 和—COOR（f_a^{C1},176.0×10^{-6}）及＞C ＝ O和—CHO（f_a^{C2},201.0×10^{-6}）中。

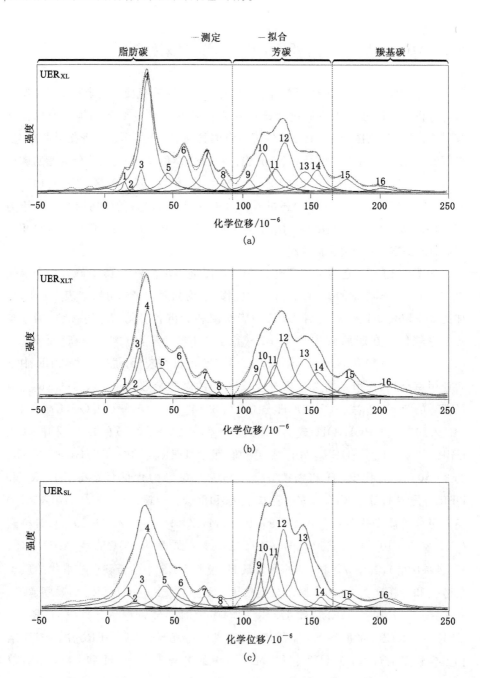

图 6-2　UER_{XL}、UER_{XLT} 和 UER_{SL} 的 ^{13}C NMR 谱图和它们的拟合曲线

表 6-1 固体 ^{13} C NMRS 测定 UER_{XL} 、UER_{XLT} 和 UER_{SL} 中
不同类型碳的化学位移和摩尔分数

峰号	化学位移/ 10^{-6}	碳类型	符号	摩尔分数/%		
				UER_{XL}	UER_{XLT}	UER_{SL}
脂肪碳						
1	14.8	RCH_3	f_{al}^1	2.3	2.1	2.7
2	20.3	$ArCH_3$	f_{al}^a	痕量	1.7	1.1
3	25.3	RCH_2CH_3	f_{al}^2	2.9	10.2	4.7
4	31.1	$-CH_2-$	f_{al}^3	27.2	18.3	15.0
5	45.1	次甲基 CH 和季碳 C	f_{al}^4	3.6	6.0	4.5
6	57.4	CH_3OCH_2-	f_{al}^{O1}	8.5	7.3	4.0
7	74.5	$-CH_2OCH_2-$	f_{al}^{O2}	7.8	3.6	2.5
8	86.5	RCH_2OH 或 $>CHOH$	f_{al}^{O3}	3.3	1.0	0.8
芳碳						
9	109.9					
10	117.7	质子化芳碳	f_a^H	15.6	19.0	29.3
11	124.6					
12	130.5	芳桥碳	f_a^b	13.7	11.4	15.9
13	145.1	烷基取代芳碳	f_a^a	4.7	7.9	13.3
14	154.4	ArOH 或 ArOR	f_a^O	6.3	5.1	2.3
羰基碳						
15	176.0	$-COOH$ 和 $-COOR$	f^{C1}	3.2	3.9	2.1
16	201.0	$>C=O$ 和 $-CHO$	f^{C2}	1.0	2.2	1.7

通过对 NMR 谱图数据拟合和计算得到的碳结构参数,对了解煤结构起着重要作用。根据文献报道的计算公式和表 6-1 中的数据,计算得到 3 种褐煤 UER 有机质的一些结构参数(表 6-2)。如表 6-2 所列,芳环缩合度(f_a)按 $UER_{XL}<UER_{XLT}<UER_{SL}$ 顺序增加,而脂肪碳比例(f_{al})依次降低。这一结果与 3 种褐煤的元素分析(表 2-1)相呼应,即 C 含量按 $UER_{XL}<UER_{XLT}<UER_{SL}$ 顺序递增,H/C 值则依次降低,从结构上反映出 3 种褐煤随着变质程度的提高,芳环结构的含量增加,而脂肪结构的含量降低。UER_{XL}、UER_{XLT} 和 UER_{SL} 碳骨架结构中 100 个碳原子中分别约含 40 个、44 个和 61 个芳碳原子,分别约含 56 个、50 个和 35 个脂肪碳原子。桥碳比(χ_b)是评估芳香簇结构尺寸大小的重要参数。UER_{XL}、UER_{XLT} 和 UER_{SL} 的 χ_b 分别为 0.34、0.26 和

0.26。萘、蒽/菲、1H-苯并[de]蒽和芘的 χ_b 分别为 0.2、0.29、0.35 和 0.38,说明 UER$_{XL}$ 结构中每个芳环单元结构的平均芳环数在 3～4 之间,而 UER$_{XLT}$ 和 UER$_{SL}$ 中芳环单元结构以萘、蒽和菲等芳环为主。UER$_{XL}$、UER$_{XLT}$ 和 UER$_{SL}$ 中亚甲基链平均长度分别为 6.40、3.61 和 1.48,说明 UER$_{XL}$ 和 UER$_{XLT}$ 中含较多长链亚甲基桥键和烷基侧链,而 UER$_{SL}$ 中则以碳数<2 的短链亚甲基桥键和烷基侧链为主。3 种 UER 的芳环取代程度相近,约为 0.3,推测每个芳环上平均取代基目约为 2。

表 6-2　固体^{13}C NMRS 测定 UER$_{XL}$、UER$_{XLT}$ 和 UER$_{SL}$ 的一些碳结构参数

碳结构参数	定义	数值		
		UER$_{XL}$	UER$_{XLT}$	UER$_{SL}$
芳环缩合度	$f_a = f_a^H + f_a^b + f_a^a + f_a^O$	40.3%	43.5%	60.8%
脂肪碳比例	$f_{al} = f_{al}^1 + f_{al}^a + f_{al}^2 + f_{al}^3 + f_{al}^4 + f_{al}^{Q1} + f_{al}^{Q2} + f_{al}^{Q3}$	55.5%	50.4%	35.4%
羰基碳比例	$f_a^C = f_a^{C1} + f_a^{C2}$	4.2%	6.1%	3.8%
桥碳比	$\chi_b = f_a^b / (f_a^H + f_a^a + f_a^O + f_a^b)$	0.34	0.26	0.26
亚甲基链平均长度	$C_n = (f_{al}^2 + f_{al}^3) / f_a^a$	6.40	3.61	1.48
芳环取代程度	$\sigma = (f_a^a + f_a^O) / f_a$	0.27	0.30	0.26

6.3　UER 甲醇解所得可溶物收率

Lei 等[13-14]考察了反应条件对 SL 醇解可溶物收率的影响,发现 NaOH 的用量对收率影响最大,在 NaOH 与 SL 质量比为 1 时醇解可溶物的收率最高。本试验以 UER$_{XL}$ 为对象,考察了 NaOH 与 UER$_{XL}$ 质量比对醇解可溶物收率的影响。如图 6-3 所示,E$_1$～E$_4$ 的总收率随 NaOH 与 UER$_{XL}$ 质量比的增加呈线性增高,在 NaOH 与 UER$_{XL}$ 质量比为 1 时,总收率达到 73.9%,说明 NaOH 在醇解反应中起着重要的作用,能显著提高醇解可溶物的收率。值得注意的是,E$_1$ 的收率(35.0%)在 NaOH 与 UER$_{XL}$ 质量比为 0.4 时最高,之后随 NaOH 与 UER$_{XL}$ 质量比的增加先降低再增高至 29.7%。UER$_{XLT}$ 和 UER$_{SL}$ 的醇解反应选择在 NaOH 与 UER$_{XL}$ 质量比 1、反应温度为 300 ℃、甲醇用量为 20 mL 和反应时间 2 h 的条件下进行。

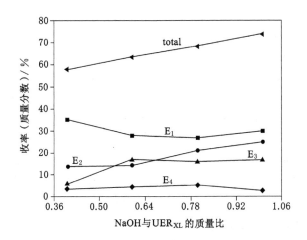

图 6-3   NaOH 与 UER_{XL} 质量比对 UER_{XL} 醇解可溶物收率的影响

(300 ℃,20 mL 甲醇,反应 2 h)

如图 6-4 所示,在优化条件下 UER_{XL}、UER_{XLT} 和 UER_{SL} 醇解可溶物的总收率分别为 73.9%、58.1% 和 78.1%,UER_{XL} 和 UER_{SL} 中大部分有机质转化为可溶组分。3 种 UER 醇解可溶物收率均按 $E_1 \sim E_4$ 依次降低,其中 E_1 的收率均大于 30%。UER_{XLT} 醇解所得 E_2 和 E_3 的收率明显低于 UER_{XL} 和 UER_{SL} 的 E_2 和 E_3 的收率。E_3 和 E_4 是酸化后的石油醚和乙醚可溶物,可能含较多羧酸化合物。

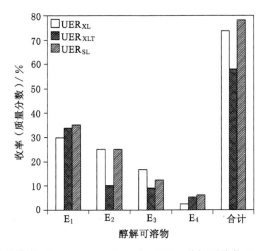

图 6-4   优化条件下 UER_{XL}、UER_{XLT} 和 UER_{SL} 醇解可溶物 $E_1 \sim E_4$ 的收率

6.4 FTIR 分析

如图 6-5 所示,三种 UER 的 FTIR 谱图相似,在该 3 315 cm^{-1} 附近有一个宽峰,为缔合—OH 的吸收峰,说明 UER 中含较丰富的—OH。与褐煤相比,UER 在 2 925 cm^{-1} 和 2 860 cm^{-1} 处的—CH$_3$ 和$>>$CH$_2$ 的伸缩振动吸收峰强度减弱,这与褐煤超声萃取物中检测到较多含脂肪结构的化合物相一致。在 3 种 UER 中的 FTIR 谱图中 1 600 cm^{-1} 处均观察到很强的芳环$>$C$=$C$<$骨架伸缩振动吸收峰,说明 UER 中的芳环结构较多。如图 6-5 所示,不同 UER 同一级醇解可溶物的 FTIR 谱图非常相似,推测 3 种 UER 的醇解可溶物的组成较为相似。E$_1$~E$_3$ 在 2 925 cm^{-1}、2 860 cm^{-1}、1 455 cm^{-1} 和 1 377 cm^{-1} 处的—CH$_3$ 和$>$CH$_2$ 的吸收峰强度明显强于 E$_4$,说明大部分富含脂肪族结构的化合物主要集中在 E$_1$~E$_3$ 中。

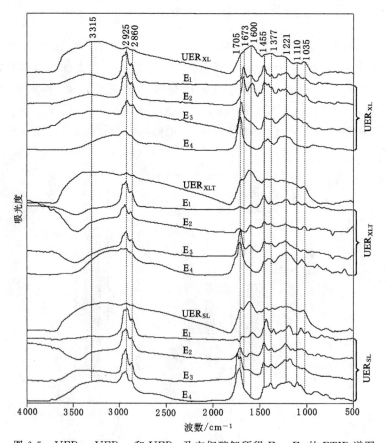

图 6-5 UER$_{XL}$、UER$_{XLT}$ 和 UER$_{SL}$ 及它们醇解所得 E$_1$~E$_4$ 的 FTIR 谱图

在 3 种 UER 的 $E_1 \sim E_4$ 中均观察到在 3 315 cm^{-1} 和 1 221 cm^{-1} 处较强的—OH 吸收峰,表明醇解可溶物中富含酚类、醇类或者羧酸等含—OH 的化合物。3 种 UER 在 1 035 cm^{-1} 处的 C—O—C 吸收峰明显强于 $E_1 \sim E_4$,而在 1 221 cm^{-1} 处的—OH 吸收峰则明显低于 $E_1 \sim E_4$,从一定程度上可以说明醇解过程中 C—O—C 键发生断裂生成含—OH 的化合物。E_3 和 E_4 在 1 705 cm^{-1} 处有很强的羧基中羰基的吸收峰,而在 E_1 和 E_2 中没有观察到这一吸收峰,表明醇解产生有机酸化合物主要集中在 E_3 和 E_4 中。1 673 cm^{-1} 处很强的酮和醛中羰基的吸收峰则只出现在 E_1 和 E_2 的 FTIR 谱图中,表明酮和醛类化合物主要存在于 E_1 和 E_2 中。1 600 cm^{-1} 处的芳环吸收峰在 E_1 和 E_2 中强度明显高于其在 E_3 和 E_4 中的强度,推测芳烃化合物可能主要存在于 E_1 和 E_2 中。

6.5　$E_1 \sim E_4$ 的 GC/MS 分析

如图 6-6～图 6-9 和表 6-3～表 6-11 所示,在 3 种 UER 醇解所得 E_3 中均不含 GC/MS 可检测化合物,推测 E_3 中主要由极性较强和/或难挥发的化合物组成。如图 6-9 和表 6-3～表 6-11 所示,用 GC/MS 在 E_1、E_2 和 E_4 中检测出的化合物可分为烷烃(alkanes)、烯烃(alkenes)、芳烃(arenes)、醚类(ethers)、烷醇(alkanols)、酚类(phenols)、甲氧基苯(MBs)、酮类(ketones)、烷酸(AAs)、烷二酸(ADAs)、苯甲酸类(BAs)、苯基取代烷酸(PSAAs)、酯类(esters)、二氢苯并呋喃类(DHBFs)、含硫化合物(SCSs)和其他化合物(OSs),其中含氧化合物(OCSs)的相对含量占绝对的优势,这与褐煤有机质中有机氧含量高相一致。另一方面,醇解过程中甲醇参与了反应,引入含氧官能团,也会导致 OCSs 的含量增加。

从图 6-6～图 6-9 和表 6-5 可以看出,E_1 和 E_2 中 GC/MS 检测到的化合物以酚类为主,而在 E_4 中几乎未检测到酚类,3 种 UER 的 E_1 和 E_2 中检测到酚类种类相似。酚类在 E_1 中的相对含量占所有族组分的 60% 以上,在 UER_{XLT} 和 UER_{SL} 的 E_2 中的含量也达 50% 以上。如表 6-5 和图 6-6～图 6-8 所示,绝大部分检测到的酚类为甲基取代苯酚,甲基数为 1～5,其中含 3～5 甲基取代的苯酚含量最高,如 2,4,6-三甲基苯酚、2,3,5,6-四甲基苯酚和五甲基苯酚。此外,在 E_1 和 E_2 中也存在其他烷基取代的苯酚和烷基取代萘酚等,但未检测到环数大于 2 的芳酚,这可能是因为缩合芳酚不易挥发且极性较高而难以被 GC/MS 检测。酚羟基易于和褐煤中的羧基和羟基之间形成较强的氢键,苯酚分子间也会形成氢键,这些氢键在常温萃取过程中不易被破坏。通过醇解的溶剂和热作用破坏这些氢键是酚类形成的一个重要途径。此外,通过醇解破坏连接在芳环上的—C—O—是生成酚类的另一个重要途径。酚类是重要的化工原料,可以通过

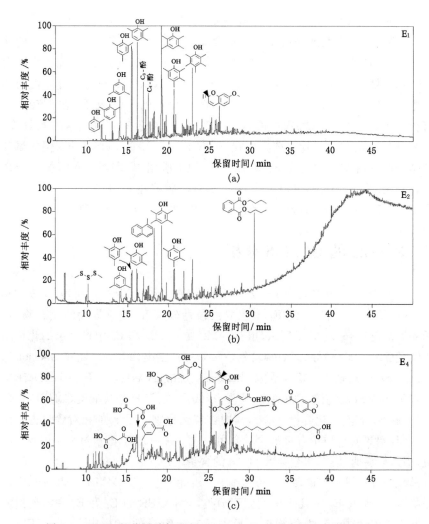

图 6-6　UER$_{XL}$ 超临界醇解所得 E$_1$、E$_2$ 和 E$_4$ 的总离子流色谱图（TICs）

热解、焦化和液化从煤中分离出来[2]。E$_1$ 和 E$_2$ 中较高的酚类含量表明醇解可能是另一种从褐煤中获取酚类的途径，而超临界醇解的反应条件相对传统工艺更为温和。

如图 6-9 和表 6-7～表 6-9 所示，所有 AAs、ADAs 和 PSAAs 只在 E$_4$ 中被检测到，BAs 中除了 4-异丙基苯甲酸和 4-叔丁基苯甲酸在 E$_1$ 和 E$_2$ 中被检测到，其他 BAs 只出现在 E$_4$ 中。如表 6-7 所列，AAs 主要在 UER$_{XLT}$ 和 UER$_{SL}$ 的 E$_4$ 中被检测到，主要包括碳数≤18 的正构链烷酸和含取代基（甲基、羟基和甲氧基等）的烷酸。除 2,2-二甲基丙二酸在 UER$_{XLT}$ 的 E$_4$ 中被检测到，其他 5 种

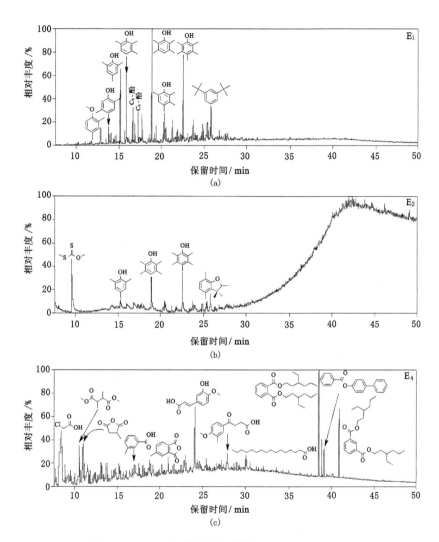

图 6-7　UER$_{XLT}$超临界醇解所得 E$_1$、E$_2$ 和 E$_4$ 的 TICs

ADAs 只出现在 UER$_{XL}$的 E$_4$ 中。如表 6-8 所列,BAs 主要包括苯甲酸、烷基取代苯甲酸和甲氧基取代苯甲酸,其中苯甲酸和烷基取代苯甲酸类化合物的相对含量最高。烷基取代苯甲酸苯环上的烷基主要包括甲基、乙基、丙基、异丙基和叔丁基。如表 6-9 所列,大部分 PSAAs 存在于 UER$_{XL}$和 UER$_{XLT}$的 E$_4$ 中,而在 UER$_{SL}$的 E$_4$ 中只检测到 4-甲氧基-3-羟基肉桂酸和 4-(3-甲基-4-甲氧基苯基)-4-羰基丁酸。相关文献鲜有报道检测到煤及其衍生物中的 PSAAs。在 PSAAs 中,4-甲氧基-3-羟基肉桂酸的含量最高。如图 6-10 所示,PSAAs 中连接苯环和

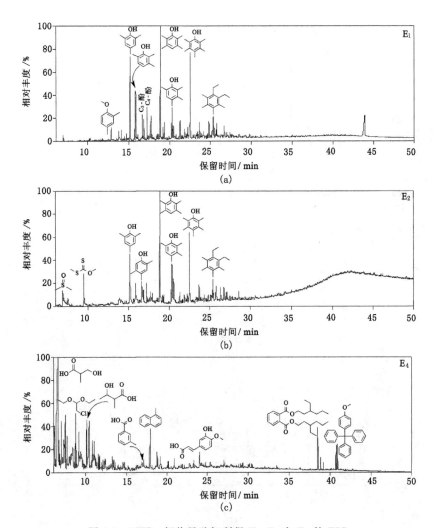

图 6-8   UER$_{SL}$ 超临界醇解所得 E$_1$、E$_2$ 和 E$_4$ 的 TICs

羧基的碳数分布为 1~3,大部分 PSAAs 含羟基、甲氧基和/或甲基。

如表 6-3 所列,3 种 UER 超临界醇解可溶物中检测到碳数分布为 C$_{12}$~C$_{29}$ 的正构直链烷烃,没有支链烷烃。部分烷烃束缚在褐煤的大分子网络结构中难以在常温下被萃取出来,通过超临界醇解破坏了大分子网络结构使这些烷烃被释放出来。300 ℃下正构烷酸的脱羧反应也可能是这些烷烃的另一种来源。UER$_{XL}$ 醇解所得 E$_1$、E$_2$ 和 E$_4$ 中均检测到正构直链烷烃,碳数分布在 C$_{14}$~C$_{16}$ 和 C$_{22}$~C$_{27}$ 两个区域。UER$_{XLT}$ 和 UER$_{SL}$ 醇解所得正构直链烷烃只出现在 E$_4$ 中,碳数分布分别为 C$_{16}$~C$_{29}$ 和 C$_{12}$~C$_{29}$。如图 6-9 和表 6-4 所示,检测到的 29 种

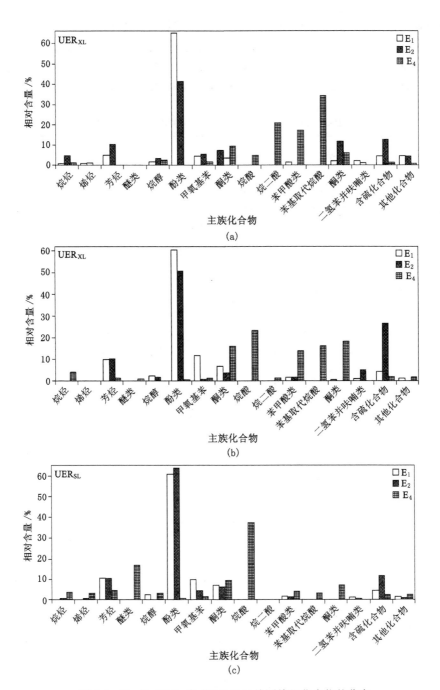

图 6-9 E_1、E_2 和 E_4 中 GC/MS 可检测族组化合物的分布

1～4环的芳烃则主要集中在 E_1 和 E_2 中,这与FTIR分析显示 E_1 和 E_2 在1 600 cm^{-1}处的芳环吸收峰强度明显高于 E_3 和 E_4 的结果相一致,可能是由于石油醚和二硫化碳对芳烃具有较好的溶解效果。芳烃以烷基取代苯为主,甲基、乙基、异丙基和叔丁基等为主要的取代基,缩合芳烃中1-甲基萘的含量最高。

表 6-3　UER$_{XL}$、UER$_{XLT}$和 UER$_{SL}$超临界醇解可溶物中检测到的烷烃

RT	烷烃	分子式	UER$_{XL}$			UER$_{XLT}$	UER$_{SL}$
			E_1	E_2	E_4	E_4	E_4
14.85	正十二碳烷	$C_{12}H_{26}$					√
17.17	正十三碳烷	$C_{13}H_{28}$					√
19.38	正十四碳烷	$C_{14}H_{30}$		√			√
21.49	正十五碳烷	$C_{15}H_{32}$	√	√			√
23.48	正十六碳烷	$C_{16}H_{34}$		√		√	√
25.37	正十七碳烷	$C_{17}H_{36}$				√	√
27.17	正十八碳烷	$C_{18}H_{38}$				√	√
28.87	正十九碳烷	$C_{19}H_{40}$				√	√
30.50	正二十碳烷	$C_{20}H_{42}$				√	√
32.05	正二十一碳烷	$C_{21}H_{44}$				√	√
33.54	正二十二碳烷	$C_{22}H_{46}$			√	√	√
34.96	正二十三碳烷	$C_{23}H_{48}$			√	√	√
36.33	正二十四碳烷	$C_{24}H_{50}$			√	√	√
37.64	正二十五碳烷	$C_{25}H_{52}$			√	√	√
38.90	正二十六碳烷	$C_{26}H_{54}$			√	√	√
40.11	正二十七碳烷	$C_{27}H_{56}$			√	√	√
41.37	正二十八碳烷	$C_{28}H_{58}$				√	√
42.75	正二十九碳烷	$C_{29}H_{60}$				√	√

表 6-4　UER$_{XL}$、UER$_{XLT}$和 UER$_{SL}$超临界醇解可溶物中检测到的芳烃

RT	芳烃	分子式	UER$_{XL}$		UER$_{XLT}$			UER$_{SL}$		
			E_1	E_2	E_1	E_2	E_4	E_1	E_2	E_4
7.36	乙苯	C_8H_{10}					√	√	√	√
7.51	对二甲苯	C_8H_{10}					√	√	√	
8.01	邻二甲苯	C_8H_{10}				√			√	
17.95	1-甲基萘	$C_{11}H_{10}$	√	√	√	√		√	√	√

表 6-4(续)

RT	芳烃	分子式	UER$_{XL}$		UER$_{XLT}$			UER$_{SL}$		
			E$_1$	E$_2$	E$_1$	E$_2$	E$_4$	E$_1$	E$_2$	E$_4$
21.84	2-乙烯基萘	C$_{12}$H$_{10}$				√				
21.88	六甲基苯	C$_{12}$H$_{18}$						√	√	
22.70	1,2,3,4-四甲基-5-异丙基苯	C$_{13}$H$_{20}$	√	√	√			√		
22.93	1-乙基-3,5-异丙基苯	C$_{14}$H$_{22}$			√			√		
23.08	1,4-二甲基-2,5-二异丙基苯	C$_{14}$H$_{22}$			√			√		
23.38	1,2,3,5-四甲基-4,6-二乙基苯	C$_{14}$H$_{22}$	√		√			√		
23.54	1,2,4,5-四甲基-3,6-二乙基苯	C$_{14}$H$_{22}$	√		√			√	√	
23.89	芴	C$_{13}$H$_{10}$				√				
24.39	1,2,4,5-四乙基苯	C$_{14}$H$_{22}$	√							
24.45	1,2,4-三异丙基苯	C$_{15}$H$_{24}$			√			√		
24.72	1,3,5-三异丙基苯	C$_{15}$H$_{24}$	√	√	√			√		
25.17	1,5,7-三甲基四氢萘	C$_{13}$H$_{18}$								√
25.37	1,2,3,4-四甲基-5,6-二乙基苯	C$_{14}$H$_{22}$			√	√		√	√	
25.45	1,4,5-三甲基-3-乙基-2-异丙基苯	C$_{14}$H$_{22}$			√	√		√		
25.85	1,3-二叔丁基苯	C$_{14}$H$_{22}$			√			√	√	
27.11	5,6,7,8-四甲基四氢萘	C$_{14}$H$_{20}$								√
28.07	1,4-二叔戊基苯	C$_{16}$H$_{26}$	√	√						
28.48	9,10-二甲基-1,2,3,4,5,6,7,8-八氢蒽	C$_{16}$H$_{22}$			√			√		
29.24	2-十三烷基苯	C$_{19}$H$_{32}$					√			√
30.57	2,2',5,5'-四甲基联苯	C$_{16}$H$_{18}$						√		
32.60	3,3',4,4',5,5'-六甲基联苯	C$_{18}$H$_{22}$			√					
33.75	7-乙基苯并蒽	C$_{20}$H$_{16}$	√							
34.24	7,9,12-三甲基苯并蒽	C$_{21}$H$_{18}$			√					
36.13	7,9-二乙基苯并蒽	C$_{22}$H$_{20}$	√							
38.29	9-异丙基-10-苯基蒽	C$_{23}$H$_{20}$	√							

表 6-5　UER$_{XL}$、UER$_{XLT}$ 和 UER$_{SL}$ 超临界醇解可溶物中检测到的酚类

RT	酚类	分子式	UER$_{XL}$		UER$_{XLT}$		UER$_{SL}$	
			E$_1$	E$_2$	E$_1$	E$_2$	E$_1$	E$_2$
10.70	苯酚	C$_6$H$_6$O	√					
11.57	邻甲基苯酚	C$_7$H$_8$O	√		√		√	
12.23	对甲基苯酚	C$_7$H$_8$O	√					
12.99	2,6-二甲基苯酚	C$_8$H$_{10}$O	√	√				√
13.81	2,5-二甲基苯酚	C$_8$H$_{10}$O			√		√	√
14.04	3,5-二甲基苯酚	C$_8$H$_{10}$O	√	√				
14.47	4-乙基苯酚	C$_8$H$_{10}$O	√					
14.53	2,3-二甲基苯酚	C$_8$H$_{10}$O	√				√	
14.77	2,4-二甲基苯酚	C$_8$H$_{10}$O					√	
15.03	百里香酚	C$_9$H$_{12}$O	√					
15.21	2,4,6-三甲基苯酚	C$_9$H$_{12}$O	√	√	√	√	√	√
15.91	2,3,6-三甲基苯酚	C$_9$H$_{12}$O	√	√	√	√	√	√
15.94	3-甲基-5-乙基苯酚	C$_9$H$_{12}$O	√					
16.03	2-甲基-6-乙基苯酚	C$_9$H$_{12}$O			√		√	
16.66	2,4,5-三甲基苯酚	C$_9$H$_{12}$O	√		√		√	
16.78	2,3,5-三甲基苯酚	C$_9$H$_{12}$O	√		√		√	
16.92	4,5-二甲基-2-乙基苯酚	C$_{10}$H$_{14}$O	√		√		√	√
17.28	2-甲基-5-异丙基苯酚	C$_{10}$H$_{14}$O	√		√		√	
17.36	3,4-二乙基苯酚	C$_{10}$H$_{14}$O				√		
17.51	3,4,5-三甲基苯酚	C$_9$H$_{12}$O	√	√	√		√	
17.56	2-乙基-5-丙基苯酚	C$_{11}$H$_{16}$O					√	√
17.59	6-甲基-2-叔丁基苯酚	C$_{10}$H$_{14}$O		√				
17.83	5-甲基-2-叔丁基苯酚	C$_{10}$H$_{14}$O	√		√		√	√
18.43	2,3,6-三甲基-4-甲氧基苯酚	C$_{10}$H$_{14}$O			√		√	
18.51	3-甲基-4-异丙基苯酚	C$_{10}$H$_{14}$O			√			√
18.61	5-甲基-3-异丙基苯酚	C$_{10}$H$_{14}$O			√		√	√
18.87	2,3,5,6-四甲基苯酚	C$_{10}$H$_{14}$O	√	√	√	√	√	√
19.11	2,4-二异丙基苯酚	C$_{12}$H$_{18}$O			√		√	
19.62	2,4,6-三甲基-3-甲氧基苯酚	C$_{10}$H$_{14}$O$_2$			√			

表 6-5(续)

RT	酚类	分子式	UER$_{XL}$		UER$_{XLT}$		UER$_{SL}$	
			E$_1$	E$_2$	E$_1$	E$_2$	E$_1$	E$_2$
20.37	2,3,4,6-4甲基苯酚	C$_{10}$H$_{14}$O	✓	✓	✓	✓	✓	✓
20.53	4-甲基-2-叔丁基苯酚	C$_{11}$H$_{16}$O			✓		✓	✓
20.57	3-甲基-4-叔丁基苯酚	C$_{11}$H$_{16}$O			✓		✓	✓
20.61	3-甲基-2-叔丁基苯酚	C$_{11}$H$_{16}$O				✓		
21.31	3,5-二异丙基苯酚	C$_{12}$H$_{18}$O	✓		✓	✓	✓	
21.70	2,5-二异丙基苯酚	C$_{12}$H$_{18}$O						
21.90	4-叔丁基-2-甲氧基苯酚	C$_{11}$H$_{16}$O$_2$	✓	✓	✓			
22.26	2-叔丁基-5-甲氧基苯酚	C$_{11}$H$_{16}$O$_2$			✓		✓	
22.56	五甲基苯酚	C$_{11}$H$_{16}$O	✓		✓		✓	✓
23.74	2,6-二异丙基苯酚	C$_{12}$H$_{18}$O			✓	✓	✓	✓
24.50	C$_3$-1-萘酚	C$_{13}$H$_{14}$O						✓
25.99	C$_3$-1-萘酚	C$_{13}$H$_{14}$O	✓					
27.72	C$_3$-1-萘酚	C$_{13}$H$_{14}$O			✓		✓	
27.82	C$_3$-1-萘酚	C$_{13}$H$_{14}$O			✓			
28.15	C$_3$-1-萘酚	C$_{13}$H$_{14}$O			✓			
28.57	C$_3$-1-萘酚	C$_{13}$H$_{14}$O	✓					✓
34.08	2,3,6-三甲基-4-(4-羟基-3,5-二甲基苯甲基)-苯酚	C$_{18}$H$_{22}$O$_2$	✓		✓			
35.03	4,4'-亚甲基二(2,6-二甲基苯酚)	C$_{17}$H$_{20}$O$_2$			✓			
35.38	6-(1-p-苯甲基乙基)苯并[d][1,3]二噁唑-5-酚	C$_{16}$H$_{16}$O$_3$	✓	✓				
35.82	3-甲基-1,2-二氢环戊二烯并[ij]四苯酚	C$_{21}$H$_{16}$O			✓			
40.64	4,6-二-叔丁基-4'-甲基联苯-2-酚	C$_{21}$H$_{28}$O	✓					

　　如表 6-6 所列,甲氧基苯类苯环上的取代基除了甲氧基外,还含有甲基、异丙基和丁基等 C$_1$～C$_4$ 烷基。甲氧基苯主要在 UER$_{XLT}$ 和 UER$_{SL}$ 的醇解可溶物中被检测到,且大部分甲氧基苯富集在 E$_1$ 和 E$_2$ 中。彭耀丽[20]研究了不同煤相关模型化合物的碱催化醇解反应,发现醇解过程中除了发生—C—O—断裂反应外,还存在醇类参与的芳环烷基化和烷氧基化反应。因此,甲氧基苯中的甲基和

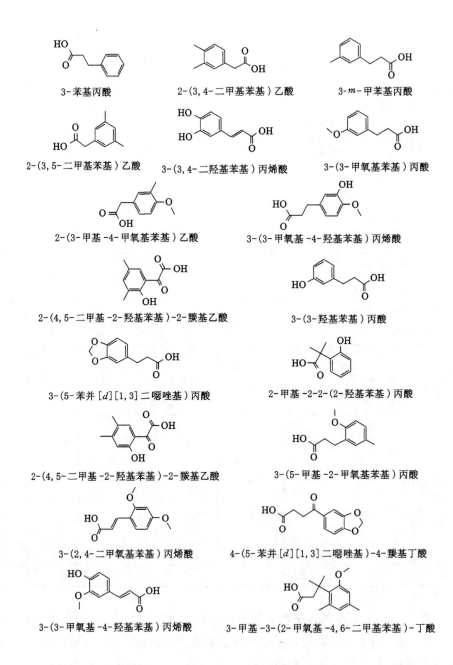

3-苯基丙酸

2-(3,4-二甲苯基）乙酸

3-m-甲苯基丙酸

2-(3,5-二甲苯基）乙酸

3-(3,4-二羟基苯基）丙烯酸

3-(3-甲氧基苯基）丙酸

2-(3-甲基-4-甲氧基苯基）乙酸

3-(3-甲氧基-4-羟基苯基）丙烯酸

2-(4,5-二甲基-2-羟基苯基)-2-羰基乙酸

3-(3-羟基苯基）丙酸

3-(5-苯并[d][1,3]二噁唑基）丙酸

2-甲基-2-2-(2-羟基苯基）丙酸

2-(4,5-二甲基-2-羟基苯基)-2-羰基乙酸

3-(5-甲基-2-甲氧基苯基）丙酸

3-(2,4-二甲氧基苯基）丙烯酸

4-(5-苯并[d][1,3]二噁唑基)-4-羰基丁酸

3-(3-甲氧基-4-羟基苯基）丙烯酸

3-甲基-3-2-(2-甲氧基-4,6-二甲基苯基)-丁酸

图 6-10 在 E_4 中检测到的部分 PSAAs 的结构式

甲氧基可能来自于甲醇。同样，UER 醇解所得甲基苯酚和甲基苯中的部分甲基可能来自于甲基化反应。

表 6-6　UER$_{XL}$、UER$_{XLT}$和 UER$_{SL}$超临界醇解可溶物中检测到的甲氧基苯(MBs)

RT	MBs	分子式	UER$_{XL}$			UER$_{XLT}$			UER$_{SL}$		
			E$_1$	E$_2$	E$_4$	E$_1$	E$_2$	E$_4$	E$_1$	E$_2$	E$_4$
12.86	2,4-二甲基-1-甲氧基苯	C$_9$H$_{12}$O				√			√		
13.49	1,2-二甲基-3-甲氧基苯	C$_9$H$_{12}$O				√			√		
14.13	1,3,5-三甲基-2-甲氧基苯	C$_{10}$H$_{14}$O				√			√	√	√
14.77	2,3,5-三甲基-1-甲氧基苯	C$_{10}$H$_{14}$O				√			√		
14.89	1-异丙基-4-甲氧基苯	C$_{10}$H$_{14}$O				√			√		
15.00	1-异丙基-3-甲氧基苯	C$_{10}$H$_{14}$O				√			√		
15.74	2,4,5-三甲基-1-甲氧基苯	C$_{10}$H$_{14}$O				√			√	√	
16.19	4-甲基-1-异丙基-2-甲氧基苯	C$_{11}$H$_{16}$O				√			√		
16.55	1-异丙基-2-甲氧基苯	C$_{10}$H$_{14}$O				√			√		
17.43	1-甲基-2-异丙基-4-甲氧基苯	C$_{11}$H$_{16}$O				√			√		
17.62	4-甲基-2-异丙基-1-甲氧基苯	C$_{11}$H$_{16}$O	√			√			√	√	
17.76	5-甲基-1-异丙基-3-甲氧基苯	C$_{11}$H$_{16}$O		√		√	√		√		
19.46	3-甲基-1-叔丁基-2-甲氧基苯	C$_{12}$H$_{18}$O	√								
19.57	1-仲丁基-4-甲氧基苯	C$_{11}$H$_{16}$O		√							
20.77	1-丁基-4-甲氧基苯	C$_{11}$H$_{16}$O	√								
20.86	1-丁基-3-甲氧基苯	C$_{11}$H$_{16}$O	√								
22.44	1,3-二异丙基-2-甲氧基苯	C$_{13}$H$_{20}$O				√			√	√	
25.51	1,2,4-三甲氧基-5-丙烯基	C$_{12}$H$_{16}$O$_3$			√	√					
25.72	2-甲基-4,7-二甲氧基茚	C$_{12}$H$_{14}$O$_2$				√			√		
27.87	1-甲氧基-4-苯氧基苯	C$_{13}$H$_{12}$O$_2$	√								
29.10	4,4'-二甲氧基联苯	C$_{14}$H$_{14}$O$_2$				√			√		
29.45	3,4'-二甲氧基联苯	C$_{14}$H$_{14}$O$_2$				√			√		
29.87	1-甲氧基-4-(p-甲苯氧基)苯	C$_{14}$H$_{14}$O$_2$				√			√		
40.73	((4-甲氧苯基)甲三基)三苯	C$_{23}$H$_{26}$O$_3$									√

表 6-7　UER$_{XL}$、UER$_{XLT}$ 和 UER$_{SL}$ 超临界醇解可溶物中检测到的 AAs 和 ADAs

RT	化合物	分子式	UER$_{XL}$	UER$_{XLT}$	UER$_{SL}$
			E$_4$	E$_4$	E$_4$
AAs					
6.59	2-甲基-3-羟基丙酸	$C_4H_8O_3$			√
8.32	2-氯乙酸	C_2H3ClO_2		√	
8.37	戊酸	$C_5H_{10}O_2$		√	
8.81	2-甲基戊酸	$C_6H_{12}O_2$		√	
9.21	3-甲基戊酸	$C_6H_{12}O_2$		√	
9.28	4-甲基戊酸	$C_6H_{12}O_2$		√	√
9.98	己酸	$C_6H_{12}O_2$		√	
10.13	2-甲基-3-羟基丁酸	$C_5H_{10}O_3$			√
10.23	4-甲氧基丁酸	$C_5H_{10}O_3$	√	√	
10.43	2-甲基-4-羟基丁酸	$C_5H_{10}O_3$			√
11.27	2-甲基己酸	$C_7H_{14}O_2$			√
12.24	庚酸	$C_7H_{14}O_2$		√	
12.41	3-乙氧基丙酸	$C_5H_{10}O_3$		√	√
13.49	2-甲基庚酸	$C_8H_{16}O_2$		√	
14.41	辛酸	$C_8H_{16}O_2$		√	√
16.69	壬酸	$C_9H_{18}O_2$		√	√
30.00	棕榈酸	$C_{16}H_{32}O_2$	√	√	√
33.35	硬脂酸	$C_{18}H_{36}O_2$	√		
ADAs					
12.93	2,2-二甲基丙二酸	$C_6H_{10}O_4$		√	
15.83	琥珀酸	$C_4H_6O_4$	√		
16.41	2-甲基琥珀酸	$C_5H_8O_4$	√		
18.23	2-甲基戊二酸	$C_6H_{10}O_4$	√		
18.84	2,4-二甲基戊二酸	$C_7H_{12}O_4$	√		
24.59	壬二酸	$C_9H_{16}O_4$	√		

　　在 UER 醇解可溶物中检测到的酯类化合物主要包括烷酸甲酯、烷酸乙酯、苯甲酸酯和邻苯二甲酸酯类。如图 6-9 和表 6-10 所示，UER$_{XL}$ 醇解所得酯类主要集中在 E$_2$ 和 E$_4$ 中，而 UER$_{XLT}$ 和 UER$_{SL}$ 醇解所得酯类几乎只存在于 E$_4$ 中。

UER$_{XLT}$醇解得到的酯类种类明显多于 UER$_{XL}$和 UER$_{SL}$。甲酯类化合物可能是由羧酸发生甲酯化反应或者是其他酯类通过酯交换反应生成的。其他酯类化合物可能原本束缚于褐煤萃取残渣的网络结构中,通过醇解被释放出来。如表 6-11所列,在 3 种褐煤 UER 醇解可溶物中均检测出较多的含噻吩结构的 SCSs,且主要集中在 E$_1$ 中,以烷基取代的苯并噻吩为主,其中 5-甲基-2-乙基苯并[b]噻吩的相对含量最高,推测苯并噻吩结构是 3 种褐煤中典型的含硫结构。在 E$_2$中,硫烷(1,3-二甲基三硫烷和 1,4-二甲基四硫烷)、黄原酸二甲酯和二甲基亚砜等 SCSs 的相对含量较高,其中硫烷只在 UER$_{XL}$的 E$_2$ 中被检测到。

3 种褐煤 UER 醇解可溶物中还检测到一些烯烃、醚类、烷醇、酮类、DHBFs和 OSs(图 6-9),具体化合物类型不一一列表。从图 6-9 可以看出,绝大部分醚类化合物出现在 UER$_{SL}$的 E$_4$ 中。酮类化合物以苯基酮为主,苯环含甲基、羟基和/或甲氧基等取代基。此外,在 UER$_{XL}$的 E$_1$ 中检测到了维生素 E 及其三种衍生物,即 o-甲基-α-维生素 E、o-甲基-β-维生素 E 和 o-甲基-γ-维生素 E,结构式如图 6-11 所示。三种维生素 E 的衍生物可能是在成煤过程中由维生素 E 通过甲基化或者脱甲基演化而来的。维生素 E 广泛存在于麦芽、玉米、向日葵种子、大豆、油菜籽和苜蓿等植物中[21],UER$_{XL}$中的维生素 E 可能来源于这些植物。除叶绿醇和叶绿素外[21],维生素 E 及其衍生物可能是褐煤中姥鲛烷(pristane)和植烷(phytane)另一种前驱体,它们由维生素 E 生成的反应历程如图 6-12 所示,显然生成姥鲛烷的可能性更大一些。

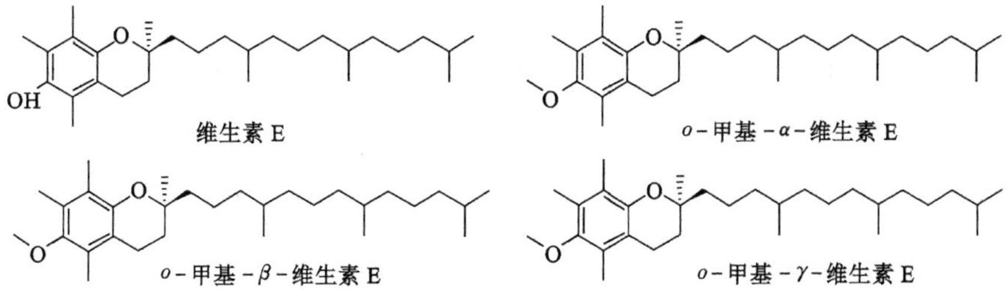

图 6-11 维生素 E 及其三种衍生物的结构式

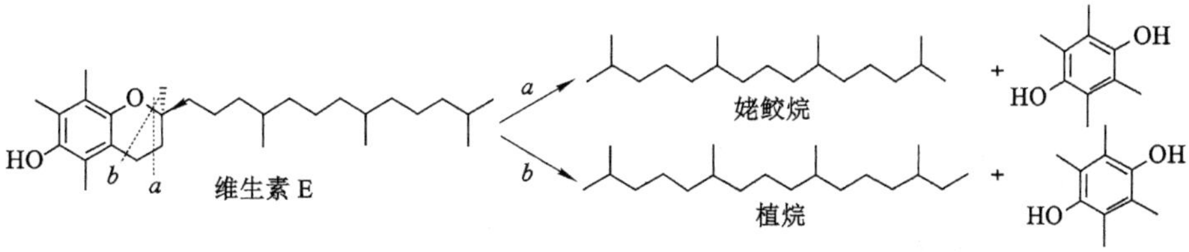

图 6-12 维生素 E 生成姥鲛烷或植烷的反应历程

表 6-8 UER$_{XL}$、UER$_{XLT}$和 UER$_{SL}$超临界醇解可溶物中检测到的 BAs

RT	BAs	分子式	UER$_{XL}$		UER$_{XLT}$			UER$_{SL}$		
			E$_1$	E$_4$	E$_1$	E$_2$	E$_4$	E$_1$	E$_2$	E$_4$
14.53	苯甲酸	$C_7H_6O_2$	√				√			√
16.38	2-甲基苯甲酸	$C_8H_8O_2$					√			√
16.96	3-甲基苯甲酸	$C_8H_8O_2$	√				√			√
17.13	4-甲基苯甲酸	$C_8H_8O_2$	√				√			√
17.96	2,4-二甲基苯甲酸	$C_9H_{10}O_2$	√				√			
18.61	2,5-二甲基苯甲酸	$C_9H_{10}O_2$					√			√
18.76	2,6-二甲基苯甲酸	$C_9H_{10}O_2$	√				√			
18.86	4-乙基苯甲酸	$C_9H_{10}O_2$								√
19.13	3,5-二甲基苯甲酸	$C_9H_{10}O_2$	√				√			√
19.21	2,3-二甲基苯甲酸	$C_9H_{10}O_2$					√			
19.40	4-异丙基苯甲酸	$C_{10}H_{12}O_2$	√		√	√		√	√	
19.74	2,4,5-三甲基苯甲酸	$C_{10}H_{12}O_2$					√			
19.91	3-甲氧基苯甲酸	$C_8H_8O_3$	√							
19.92	3,4-二甲基苯甲酸	$C_9H_{10}O_2$	√				√			√
20.11	2,4,6-三甲基苯甲酸	$C_{10}H_{12}O_2$	√				√			
20.70	4-丙基苯甲酸	$C_{10}H_{12}O_2$					√			
20.84	4-异丙基苯甲酸	$C_{10}H_{12}O_2$					√			
21.26	2,3,5-三甲基苯甲酸	$C_{10}H_{12}O_2$					√			
21.44	3,4,5-三甲基苯甲酸	$C_{10}H_{12}O_2$					√			
21.51	4-叔丁基苯甲酸	$C_{11}H_{14}O_2$	√							
21.65	4-甲基-3-甲氧基苯甲酸	$C_9H_{10}O_3$	√							
23.45	4-(甲酯基(甲氧羰基))苯甲酸	$C_9H_8O_4$	√							

表 6-9 UER$_{XL}$、UER$_{XLT}$和 UER$_{SL}$超临界醇解可溶物中检测到的 PSAAs

RT	PSAAs	分子式	UER$_{XL}$	UER$_{XLT}$	UER$_{SL}$
			E$_4$	E$_4$	E$_4$
18.39	3-苯基丙酸	$C_9H_{10}O_2$	√	√	
19.36	2-甲基-3-苯基丙酸	$C_{10}H_{12}O_2$		√	
19.53	2-(2,5-二甲基苯基)乙酸	$C_{10}H_{12}O_2$			
19.65	2-(3,4-二甲基苯基)乙酸	$C_{10}H_{12}O_2$	√	√	

表 6-9(续)

RT	PSAAs	分子式	UER$_{XL}$ E$_4$	UER$_{XLT}$ E$_4$	UER$_{SL}$ E$_4$
20.37	3-m-甲苯基丙酸	C$_{10}$H$_{12}$O$_2$	√	√	
20.99	2-(3,5-二甲基苯基)乙酸	C$_{10}$H$_{12}$O$_2$	√		
21.49	2-甲基-2-o-甲苯基丙酸	C$_{11}$H$_{14}$O$_2$		√	
22.42	3-(2,3-二甲氧基)丙烯酸	C$_{11}$H$_{12}$O$_4$		√	
23.08	3-(3-甲氧基苯基)丙酸	C$_{10}$H$_{12}$O$_3$		√	
23.13	3-(3,4-二羟基苯基)丙烯酸	C$_9$H$_8$O$_4$	√		
23.28	3-(3-甲基苯基)丙酸	C$_{10}$H$_{12}$O$_3$	√		
23.52	2-(3-甲基-4-甲氧基苯基)乙酸	C$_{10}$H$_{12}$O$_3$	√		
24.07	4-甲氧基-3-羟基肉桂酸	C$_{10}$H$_{10}$O$_4$	√	√	√
24.32	2-(4,5-二甲基-2-羟基苯基)-2-羰基乙酸	C$_{10}$H$_{10}$O$_4$	√		
24.88	3-(3-羟基苯基)丙酸	C$_9$H$_{10}$O$_3$	√		
25.15	3-(5-苯并[d][1,3]二噁唑基)丙酸	C$_{10}$H$_{10}$O$_4$	√		
25.28	3-(3,5-二甲氧基苯基)丙烯酸	C$_{10}$H$_{10}$O$_4$	√		
25.40	2-甲基-2-2-(2-羟基苯基)丙酸	C$_{10}$H$_{12}$O$_3$	√		
26.65	2-(4,5-二甲基-2-羟基苯基)-2-羰基乙酸	C$_{10}$H$_{10}$O$_4$	√		
27.02	3-(5-甲基-2-甲氧基苯基)丙酸	C$_{11}$H$_{14}$O$_3$	√		
27.19	3-(2,4-二甲氧基苯基)丙烯酸	C$_{11}$H$_{12}$O$_4$	√		
27.40	4-(5-苯并[d][1,3]二噁唑基)-4-羰基丁酸	C$_{11}$H$_{10}$O$_5$	√	√	
27.81	4-(3-甲基-4-甲氧基苯基)-4-羰基丁酸	C$_{12}$H$_{14}$O$_4$		√	√
28.42	3-(3-甲氧基-4-羟基苯基)丙烯酸	C$_{10}$H$_{10}$O$_4$	√		
30.76	3-甲基-3-(2-甲氧基-4,6-二甲基苯基)-丁酸	C$_{14}$H$_{20}$O$_3$			

表 6-10　UER$_{XL}$、UER$_{XLT}$ 和 UER$_{SL}$ 超临界醇解可溶物中检测到的酯类

RT	酯类	分子式	UER$_{XL}$			UER$_{XLT}$		UER$_{SL}$
			E$_1$	E$_2$	E$_4$	E$_1$	E$_4$	E$_4$
6.84	2-氯乙酸乙酯	C$_4$H$_7$ClO$_2$						√
7.86	戊酸甲酯	C$_6$H$_{12}$O$_2$					√	
9.15	己酸甲酯	C$_7$H$_{14}$O$_2$					√	
10.43	2,3-二甲基琥珀酸二甲酯	C$_8$H$_{14}$O$_4$					√	
10.63	3-甲基-2-甲氧基丁酸甲酯	C$_7$H$_{14}$O$_3$					√	

表 6-10(续)

RT	酯类	分子式	UER$_{XL}$			UER$_{XLT}$		UER$_{SL}$
			E$_1$	E$_2$	E$_4$	E$_1$	E$_4$	E$_4$
11.58	4-甲氧基丁酸甲酯	$C_6H_{12}O_3$			√		√	
12.41	3-羰基丁酸乙酯	$C_6H_{10}O_3$					√	
12.63	庚酸甲酯	$C_8H_{16}O_2$					√	
14.03	2-甲基-3-(1-乙氧基乙氧基)丁酸乙酯	$C_{11}H_{22}O_4$						√
16.28	3-羟基苯基乙酸酯	$C_8H_8O_3$					√	
6.84	2-氯乙酸乙酯	$C_4H_7ClO_2$						√
7.86	戊酸甲酯	$C_6H_{12}O_2$					√	
9.15	己酸甲酯	$C_7H_{14}O_2$					√	
10.43	2,3-二甲基琥珀酸二甲酯	$C_8H_{14}O_4$					√	
10.63	3-甲基-2-甲氧基丁酸甲酯	$C_7H_{14}O_3$					√	
11.58	4-甲氧基丁酸甲酯	$C_6H_{12}O_3$				√	√	
12.41	3-羰基丁酸乙酯	$C_6H_{10}O_3$					√	
12.63	庚酸甲酯	$C_8H_{16}O_2$					√	
14.03	2-甲基-3-(1-乙氧基乙氧基)丁酸乙酯	$C_{11}H_{22}O_4$						√
16.28	3-羟基苯基乙酸酯	$C_8H_8O_3$					√	
17.23	5-甲基-2-异丙基苯基乙酸酯	$C_{12}H_{16}O_2$					√	
21.20	2-m-甲苯乙酸乙酯	$C_{11}H_{14}O_2$					√	
21.42	3-苯基丁酸甲酯	$C_{11}H_{14}O_2$			√			
22.09	3,5-二甲基苯甲酸乙酯	$C_{11}H_{14}O_2$					√	
22.15	对苯二甲酸二甲酯	$C_{10}H_{10}O_4$	√					
22.39	间苯二甲酸二甲酯	$C_{10}H_{10}O_4$	√					
23.21	6-甲基-2-羟基苯甲酸乙酯	$C_{10}H_{12}O_3$				√		
24.78	柠檬酸三乙酯	$C_{12}H_{20}O_7$					√	√
25.79	3-(4-甲氧苯基)-2-羰基丙酸甲酯	$C_{11}H_{12}O_4$				√		
28.04	3-(4,6-二甲基-2-甲氧基苯基)丙酸甲酯	$C_{13}H_{18}O_3$				√		
28.60	邻苯二甲酸二异丁酯	$C_{16}H_{22}O_4$					√	
28.66	2-(5-苯并[d][1,3]二噁唑基)乙酸乙酯	$C_{11}H_{12}O_4$				√		

表 6-10(续)

RT	酯类	分子式	UER$_{XL}$			UER$_{XLT}$		UER$_{SL}$
			E$_1$	E$_2$	E$_4$	E$_1$	E$_4$	E$_4$
28.94	邻苯二甲酸二丙酯	C$_{14}$H$_{18}$O$_4$		√				
29.34	棕榈酸甲酯	C$_{17}$H$_{34}$O$_2$					√	√
30.16	邻苯二甲酸二丁酯	C$_{16}$H$_{22}$O$_4$		√			√	
30.43	棕榈酸乙酯	C$_{18}$H$_{36}$O$_2$					√	
32.50	硬脂酸甲酯	C$_{19}$H$_{38}$O$_2$						√
34.88	4,4′-二苯乙烷甲酸二甲酯	C$_{18}$H$_{18}$O$_4$	√					
36.78	(2-乙基己基)己二酸二酯	C$_{22}$H$_{42}$O$_4$		√				
37.26	苯五甲酸甲酯	C$_{16}$H$_{16}$O$_{10}$			√			
38.48	二(2-乙基己基)邻苯二甲酸二酯	C$_{24}$H$_{38}$O$_4$					√	
38.85	1,2-乙基二苯甲酸二酯	C$_{16}$H$_{14}$O$_4$					√	
39.14	4-联苯基苯甲酸酯	C$_{19}$H$_{14}$O$_2$					√	√
40.04	苯六甲酸甲酯	C$_{18}$H$_{18}$O$_{12}$		√		√		
40.91	二(2-乙基己基)间苯二甲酸二酯	C$_{24}$H$_{38}$O$_4$					√	√

表 6-11 UER$_{XL}$、UER$_{XLT}$ 和 UER$_{SL}$ 超临界醇解可溶物中检测到的 SCSs

RT	SCSs	分子式	UER$_{XL}$			UER$_{XLT}$			UER$_{SL}$		
			E$_1$	E$_2$	E$_4$	E$_1$	E$_2$	E$_4$	E$_1$	E$_2$	E$_4$
6.99	二甲基亚砜	C$_2$H$_6$OS						√		√	
9.51	黄原酸二甲酯	C$_3$H$_6$OS$_2$		√			√		√	√	
10.03	1,3-二甲基三硫烷	C$_2$H$_6$S3		√							
10.86	2-(乙氧基乙硫基)乙酸	C$_6$H$_{12}$O$_3$S									√
11.06	2-(甲硫基)四氢-2H-吡喃	C$_6$H$_{12}$OS					√				
16.08	1,4-二甲基四硫烷	C$_2$H$_6$S$_4$			√						
17.36	二甲硫基碳酰亚胺	C$_4$H$_9$NS$_2$			√						
21.50	2,6-二乙基苯并[b]噻吩	C$_{12}$H$_{14}$S					√			√	√
22.93	2,5-二丁基噻吩	C$_{12}$H$_{20}$S								√	
23.63	2,3-二乙基苯并[b]噻吩	C$_{12}$H$_{14}$S	√				√			√	√
24.21	1-(3,7-二甲基苯并[b]噻吩基)乙酮	C$_{12}$H$_{12}$OS	√				√			√	√
24.40	草灭散	C$_4$H$_6$O$_2$S$_4$								√	

表 6-11(续)

RT	SCSs	分子式	UER$_{XL}$			UER$_{XLT}$			UER$_{SL}$		
			E$_1$	E$_2$	E$_4$	E$_1$	E$_2$	E$_4$	E$_1$	E$_2$	E$_4$
24.88	5-甲基-2-乙基苯并[b]噻吩	C$_{11}$H$_{12}$S	√	√		√	√		√	√	
25.72	2,7-二乙基苯并[b]噻吩	C$_{12}$H$_{14}$S	√	√							
25.74	N,4-二甲基苯磺酰胺	C$_8$H$_{11}$NO$_2$S			√						
26.06	2,3-二乙基苯并[b]噻吩	C$_{12}$H$_{14}$S	√	√							
26.62	1-(3,5-二甲基苯并[b]噻吩基)乙酮	C$_{12}$H$_{12}$OS					√				
27.10	7-乙基-2-丙基苯并[b]噻吩	C$_{13}$H$_{16}$S	√			√			√		

6.6 UER$_{XL}$ 超临界醇解所得 E$_1$～E$_4$ 的 DARTIS/ITMS 和 ASAP/TOF-MS 分析

GC/MS 是鉴定有机化合物最常见的分析方法,但只适合分析分子质量较小(<500 u)、易挥发、热稳定和低极性的化合物。此外,GC/MS 分析也存在耗时长和样品预处理较复杂的缺点。原位电离质谱是近年来快速发展起来的一类新型质谱[22]。它可以直接快速地分析液体样品,甚至是固体表面的组分,无需复杂的样品预处理过程,样品分析时间很短,同时扩展了质谱的检测范围。直接实时分析离子源(DARTIS)和大气压固体分析探针(ASAP)是两种典型的原位电离技术,广泛应用于各个领域。DARTIS/ITMS 和 ASAP/TOF-MS 在煤的萃取物[23]和相关模型化合物[24-25]的分析中也得到了应用。本节利用 DARTIS/ITMS 和 ASAP/TOF-MS 对 UER$_{XL}$ 醇解所得 E$_1$～E$_4$ 进行分析,探究这两种质谱在分析褐煤醇解产物化学组成分析中的可行性,提供一些 GC/MS 不可检测组分的化学结构信息。

DARTIS/ITMS 和 ASAP/TOF-MS 的离子化机理相关文献已有报道,两者均在正离子模式下运行。DARTIS 离子化的原理是通过辉光放电产生激发态 He(2^{3}S),He(2^{3}S)使空气中的 H$_2$O 离子化形成[(H$_2$O)$_{n-1}$＋H]$^+$。随后样品分子夺取[(H$_2$O)$_{n-1}$＋H]$^+$ 中的质子,发生质子转移反应,形成准分子离子 [M＋H]$^+$,然后被四级杆质谱(ITMS)检测到。如图 6-13 所示,UER$_{XL}$ 的 E$_1$～E$_4$ 分子质量分布范围为 100～600 u,呈正态分布,表明通过甲醇解 UER$_{XL}$ 的大分子网络结构被解聚为分子质量小于 600 u 的可溶有机化合物。从图中可以看出,E$_1$～E$_3$ 中的大部分化合物的分子质量集中在 150～450 u,在 300 u 附近有

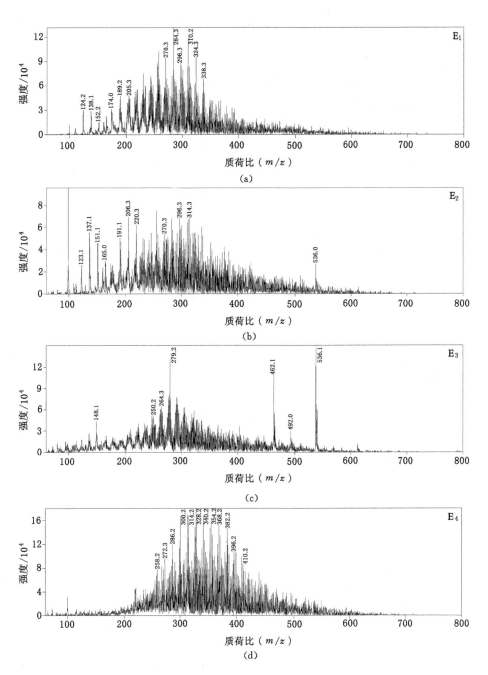

图 6-13　UER$_{XL}$超临界醇解所得 E$_1$～E$_4$ 的 DARTIS/ITMS 谱图

一个高峰,而 E_4 中的化合物分子质量主要分布在 200~500 u 之间,在 350 u 附近有一个高峰。

如图 6-13 所示,在 E_1 的质谱图中,m/z 124+14n(n=0~2)可能是 C_m-吡啶酚(m=2~4)的准分子离子峰;m/z 270 和 284 可能对应的是联萘酚和一甲基联萘酚的准分子离子;m/z 296+14n(n=0~3)这一系列峰可能归属于 C_m-苯基蒽(m=3~6),因为芳烃在 DART 质谱中的基峰为 $M^{+\cdot}$。E_2 的质谱图中 m/z 123+14n(n=0~3)的峰可能是烷基苯酚的准分子离子,同样在 GC/MS 中被检测到;m/z 191 的化合物可能是烷基苯或者烷基苯并噻吩。GC/MS 和 FTIR 分析表明高极性和难挥发的有机酸可能富集在 E_3 中。在图 6-13 的 E_3 质谱图中,m/z 148 的峰可能归属于氨基羟基己酸($C_6H_{13}NO_3$),而 m/z 250 和 m/z 264 可能是由氨基羟基甲基取代蒽甲酸($C_{16}H_{13}NO_3$)和氨基羟基二甲基取代蒽甲酸($C_{17}H_{15}NO_3$)准分子离子失去一个 H_2O 产生的 $[M+H-H_2O]^+$;利用 DARTIS/ITMS 在 E_4 中鉴定了 m/z 258+14n(n=0~5)和 m/z 340+14n(n=0~5)两个系列的峰,它们可能归属于多烷基芳酸的准分子离子峰,这些化合物因为沸点和极性较高难以被 GC/MS 检测到。

ASAP 的离子化机理和大气压化学电离(APCI)类似。在正离子模式下,首先 N_2 通过电晕放电电离成 $N_2^{+\cdot}$,进一步与 N_2 反应生成 $N_4^{+\cdot}$。$N_4^{+\cdot}$ 能与离子源内微量的水蒸气反应生成水合氢离子 H_3O^+ 或 $H^+(H_2O)_n$,进一步通过质子转移与分析物反应生成 $[M+H]^+$。分析物也可以和 $N_2^{+\cdot}/N_4^{+\cdot}$ 发生电荷转移反应形成 $M^{+\cdot}$。如图 6-14 所示,利用 ASAP/TOF-MS,在 E_1~E_4 中检测到一系列质量数相差 14 u 的 CH_2 的同系物,它们的分子质量小于 450 u。在 E_1 的 ASAP/TOF-MS 谱图中观察到 m/z 109+14n(n=0~5)、m/z 121+14n(n=0~7)、m/z 175+14n(n=0~6)和 m/z 271+14n(n=0~4)四组同系物离子,说明 E_1 中的化合物富含脂肪结构。m/z 109+14n(n=0~5)归属于烷基苯酚化合物,这在 GC/MS 和 DARTIS/IT-MS 分析中也得到证实;m/z 121+14n(n=0~7)和 m/z 175+14n(n=0~6)两个系列的峰可能分别属于分子式为 $C_8H_8O(CH_2)_m$(m=0~7)的烷基乙烯基苯酚或烷基四氢萘酚($n>1$)和分子式为 $C_{10}H_9O(CH_2)_mCH_3$(m=1~7)的烷基二氢萘酚;醇解过程中可能会发生加氢反应[25],因此烷基四氢萘酚和烷基二氢萘酚可能是由烷基萘酚加氢生成的;m/z 271+14n(n=0~4)可能是分子式为 $C_{20}H_{14}O(CH_2)_m$(m=0~4)的烷基联萘酚,同样在 DARTIS/IT-MS 分析中得到证实。

如图 6-14 所示,上述四组同系物离子同样出现在 E_2 的质谱图中,但丰度只有 E_1 的 1/3。通过软件匹配,E_2 质谱图中 m/z 371 和 m/z 419 可能是 $C_{20}H_{42}N_4S$ 和 $C_{24}H_{42}N_4S$ 的准分子离子峰。丰度较低的 m/z 121+14n(n=1~

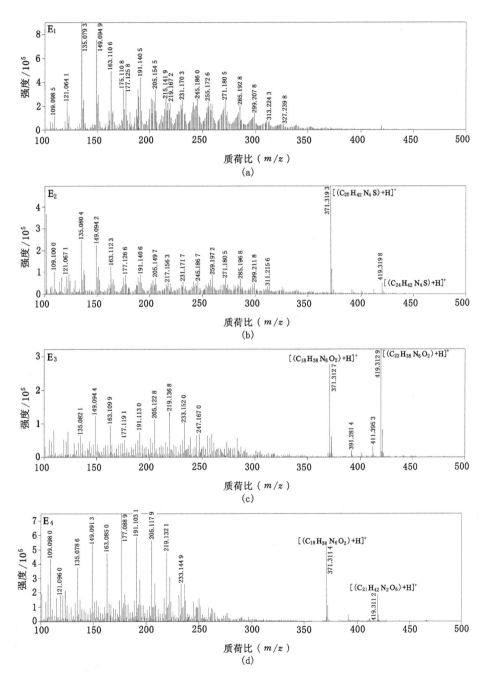

图 6-14　UER_{XL} 超临界醇解所得 $E_1 \sim E_4$ 的 ASAP/TOF-MS 谱图

9)的系列峰也在 E_3 中被检测到。尽管 m/z $121+14n(n=0\sim8)$ 的峰在 E_4 的质谱图中也被观察到,但它们小数点后的质量数和 $E_1\sim E_3$ 中这一系列的峰明显不同,说明它们并不归属于烷基乙烯基苯酚。E_4 中 m/z $177+14n(n=0\sim4)$ 可能是分子式为 $C_{11}H_{12}O_2(CH_2)_m(m=0\sim4)$ 烷基四氢萘甲酸的准分子离子。烷基四氢萘甲酸也可能是由烷基萘甲酸加氢生成的。另一系列 m/z $193+14n$ $(n=0\sim3)$ 出现在 E_4 的质谱图中,但它们具体分子结构并不清楚。E_4 中 m/z 371 和 m/z 419 可能来自于 $C_{18}H_{38}N_6O_2$ 和 $C_{21}H_{42}N_2O_6$。利用 DARTIS/ITMS 和 ASAP/TOF-MS 分析可知醇解可溶物中化合物的分子质量主要分布在 $100\sim600$ u,并能证实一系列 GC/MS 不可测的极性和/或不易挥发的组分,如芳酚、含氮芳酚和缩合芳酸等。

6.7 UER$_{XL}$ 超临界醇解所得 $E_1\sim E_4$ 的 ESI FT-ICR MS 分析

6.7.1 ESI FT-ICR MS 数据处理方法

ITMS 和 TOF-MS 的分辨率不足以精确确定每一个质谱峰对应的化学式。FT-ICR MS 拥有超高的分辨率($m/\Delta m_{50\%}>300\ 000$,$\Delta m_{50\%}$ 表示半峰宽)和高质量准确度($<10^{-6}$)。这种高分辨能力可以使质量数非常接近的两个质谱峰达到基线分离,并可以精确确定每一个单电荷离子唯一的分子式。FT-ICR MS 已经被广泛用于表征石油及其衍生物、生物油、页岩油和煤衍生物等复杂混合物的化学组成[26-37]。电喷雾(ESI)离子源对复杂混合物中的极性杂化合物离子化效率较高。ESI FT-ICR MS 已被证明是一种分析重质油等混合物中非烃类化合物的有效手段。褐煤萃取残渣醇解可溶物中必定含大量极性杂原子化合物,特别是 OCSs。因此,本节用 ESI FT-ICR MS 对 UER$_{XL}$ 醇解所得 $E_1\sim E_4$ 进行表征,目的是详细分析 $E_1\sim E_4$ 中 OCSs、SCSs 和含氮化合物(NCSs)的组成,为褐煤结构研究和醇解可溶物的后续分离利用提供理论基础。

借鉴石油组学的分类方法,FT-ICR MS 分析对不同分子从元素组成上进行分类,将化合物按照"类"(class)和"组"(type)划分,即杂原子(O、N 和 S)数目相同的化合物归为一类,同类化合物中环碳数加双键之和(不饱和度)相同的归为一组。每一组化合物存在一个不同碳原子数的分子序列。对于分子式为 $C_cH_hN_nO_oS_s$ 的化合物,不饱和度(DBE)等于 $c-h/2+n/2+1$。增加一个双键或者一个烷环,DBE 增加 1。FT-ICR MS 数据处理参照文献报道的方法[32,38]。同系物分子式之间相差 CH_2 的整数倍,相对于精确分子质量相差 14.015 65 的整数倍。为了方便鉴定同一组化合物,高分辨率质谱分析提出了一种新的质量定义方式[38]，将以国际理论和应用化学联合会（IUPAC）为标准的测定质量按下面的公式转化为 Kendrick 质量（Kendrick mass）[38]：

$$Kendrick\ 质量 = IUPAC\ 质量 \times (14/14.015\ 65)$$

这种转化实质上是将 IUPAC 标准的 CH_2 分子质量（14.015 65）变为14.000 0。这样同系物之间的分子质量相差变为 14 的整数倍，它们分子质量的小数部分相同。定义 Kendrick 质量数值与其最接近的整数质量值之间的差值为 Kendrick 质量偏差（KMD）：

$$KMD = 标准\ Kendrick\ 质量 - Kendrick\ 质量$$

因此，相同类和组（含不同 CH_2）的化合物的 KMD 相同。可以根据 KMD 值的不同快速和较准确地区分各类化合物。KMD 对应 Kendrick 名义质量的图可以直观呈现化合物的类型和 Kendrick 质量分布。给定一类化合物中的一个分子式一旦确定，这一类中的其他化合物可以根据 KMD 值进行搜索。对于 ESI，所有检测到离子均为单电荷，此后每个离子的质荷比（m/z）用它的质量单位 u 代替表示。处理数据时，一般在 FT-ICR MS 谱图的中部选取两段质量范围在 1 u 内的放大质谱图片段，其中的每个峰归属的分子式用 FT-ICR MS 内部软件进行计算。这些指定的分子式作为各类化合物的参照，通过 KMD 值搜索每一类中的其他化合物。如图 6-15 所示，ESI FT-ICR MS 检测到的 $E_1 \sim E_4$ 中化合物的分子质量分布相似，分布在 150～500 u 范围内，大部分集中在 250～350 u 之间。

6.7.2　UER$_{XL}$ 超临界醇解所得 $E_1 \sim E_4$ 中 OCSs 的分布

利用 ESI FT-ICR MS 在 $E_1 \sim E_4$ 中分别鉴定出 1 000 种、1 100 种、1 000 种和 800 种 OCSs。在 $E_1 \sim E_4$ 质谱图 239 u（图 6-16）和 299 u（图 6-17）附近的放大质谱图片段中鉴定出了对应不同 O_n 类的 OCSs。从图中可以看出，FT-ICR MS 的超高分辨率可以使很接近的两个峰达到基线分离，每一个峰代表唯一的分子式。对 239 u 和 299 u 附近所有峰进行分子式元素组成的鉴定，质量准确度在 10^{-6} 以内的分子式分别列于表 6-12 和表 6-13 中。质谱对这些峰的分辨率在 $3.2 \times 10^5 \sim 6.4 \times 10^5$ 之间，DBE 分布在 0～14 之间。对于 239 u 附近的离子，9 个单电荷离子中的 7 个归属于 $O_1 \sim O_5$ 类化合物，而在 299 u 鉴定出了 15 个 $O_1 \sim O_8$ 类化合物。从图 6-17 中可以看出，$E_1 \sim E_3$ 中 $O_1 \sim O_3$ 类化合物的相对丰度明显高于它们在 E_4 中的丰度，而 $O_4 \sim O_8$ 类化合物在 E_4 中的相对丰度明显高于 E_3 中 $O_4 \sim O_8$ 类的丰度。

为了比较不同类的含量差别，指定一类相对含量指这类中所有化合物的相对丰度除以一张质谱图中所有被鉴定的峰（除去同位素峰）的相对丰度。如图 6-18 所示，$E_1 \sim E_4$ 中的 OCSs 以 $O_1 \sim O_6$ 类化合物为主。$E_1 \sim E_3$ 中 O_2 类的相

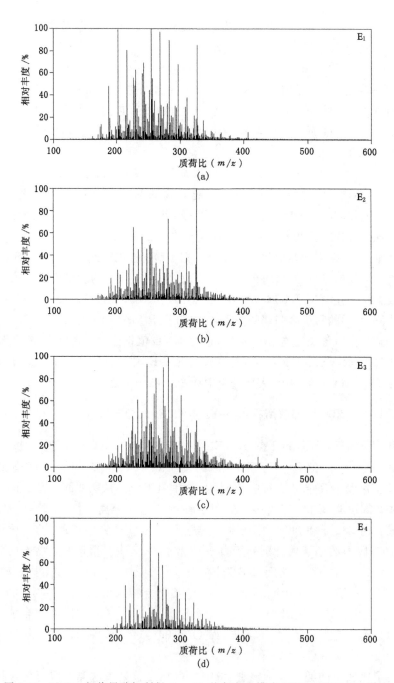

图 6-15　UER$_{XL}$ 超临界醇解所得 E$_1$～E$_4$ 的负离子模式 ESI FT-ICR MS 谱图

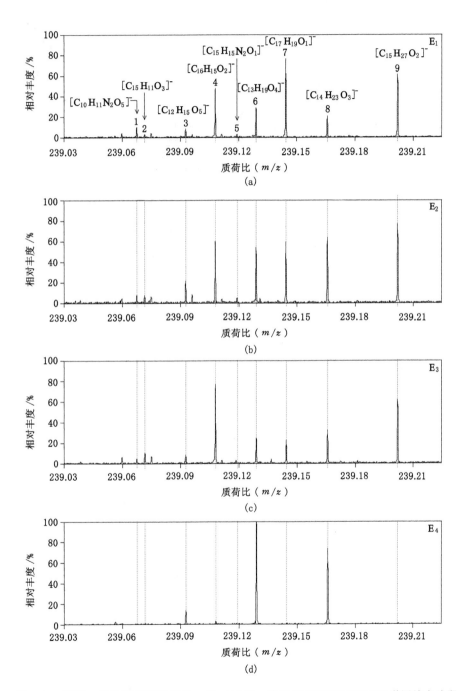

图 6-16　UER$_{XL}$ 超临界醇解所得 E$_1$～E$_4$ 在 239 u 附近的 ESI FT-ICR MS 谱图放大片段

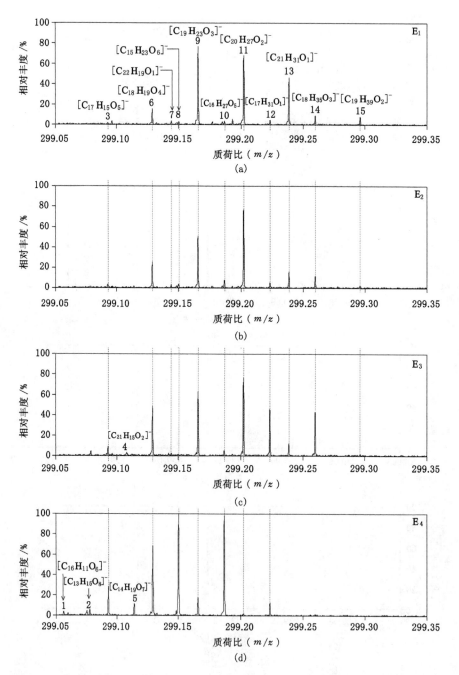

图 6-17　UER$_{XL}$超临界醇解所得 E$_1$～E$_4$ 在 299 u 附近的 ESI FT-ICR MS 谱图放大片段

对含量最高。O_3 类是 E_4 中相对含量最高的化合物,而 O_1 和 O_2 类化合物的相对含量较低。$O_4 \sim O_6$ 类化合物在 E_4 中的相对含量较高,而在 $E_1 \sim E_3$ 中的相对含量则较低。DBE 又称为环加双键数,和碳原子数(Carbon numbers,CNs)分布是 FT-ICR MS 分析有机化合物的重要结构参数。通过分析各类 OCSs 的 DBE 对应 CNs 分布图,可以看出不同 O_n 类化合物的分布特征并推测它们的基本结构单元和烷基侧链碳数分布。$E_1 \sim E_4$ 中 O_n($n = 1 \sim 6$)类化合物的 DBE 对应 CNs 分布如图 6-19~图 6-24 所示,图中圆的大小表示一种化合物在谱图中的相对丰度。O_n 类化合物的 DBE 和 CNs 分布分别为 $0 \sim 14$ 和 $9 \sim 34$。

表 6-12　ESI FT-ICR MS 分析鉴定 UER_{XL} 超临界醇解所得

$E_1 \sim E_4$ 在 239 u 附近的单电荷离子的归属

峰	分子式[M－H]$^-$	质量数/u		误差/ 10^{-6}	分辨率	DBE
		检测值	理论值			
1	$C_{10}H_{11}N_2O_5$	239.067 40	239.067 35	−0.2	588 464	6
2	$C_{15}H_{11}O_3$	239.071 39	239.071 37	−0.1	581 988	10
3	$C_{12}H_{15}O_5$	239.092 53	239.092 5	−0.1	560 104	5
4	$C_{16}H_{15}O_2$	239.107 78	239.107 75	−0.1	534 519	9
5	$C_{15}H_{15}N_2O_1$	239.119 05	239.118 99	−0.2	638 898	9
6	$C_{13}H_{19}O_4$	239.128 90	239.128 88	−0.1	542 925	4
7	$C_{17}H_{19}O_1$	239.144 15	239.144 14	−0.1	540 406	8
8	$C_{14}H_{23}O_3$	239.165 28	239.165 27	0	537 251	3
9	$C_{15}H_{27}O_2$	239.201 66	239.201 65	0	525 573	8

表 6-13　ESI FT-ICR MS 分析鉴定 UER_{XL} 超临界醇解所得

$E_1 \sim E_4$ 在 299 u 附近的单电荷离子的归属

峰	分子式[M－H]$^-$	质量数/u		误差/ 10^{-6}	分辨率	DBE
		检测值	理论值			
1	$C_{16}H_{11}O_6$	299.056 35	299.056 11	−0.8	432 198	11
2	$C_{13}H_{15}O_8$	299.077 52	299.077 24	−0.9	393 386	6
3	$C_{17}H_{15}O_5$	299.092 62	299.092 50	−0.4	385 444	10
4	$C_{21}H_{15}O_2$	299.107 77	299.107 75	−0.1	327 541	14
5	$C_{14}H_{19}O_7$	299.113 75	299.113 63	−0.4	352 678	5
6	$C_{18}H_{19}O_4$	299.129 01	299.128 88	−0.4	419 667	9

表 6-13(续)

峰	分子式[M−H]⁻	质量数/u		误差/ 10^{-6}	分辨率	DBE
		检测值	理论值			
7	$C_{22}H_{19}O_1$	299.144 27	299.144 14	−0.4	430 166	13
8	$C_{15}H_{23}O_6$	299.150 20	299.150 01	−0.6	435 661	4
9	$C_{19}H_{23}O_3$	299.165 39	299.165 27	−0.4	426 256	8
10	$C_{16}H_{27}O_5$	299.186 61	299.186 40	−0.7	435 426	3
11	$C_{20}H_{27}O_2$	299.201 78	299.201 65	−0.4	430 385	7
12	$C_{17}H_{31}O_4$	299.222 92	299.222 78	−0.5	451 680	2
13	$C_{21}H_{31}O_1$	299.238 21	299.238 04	−0.6	448 454	6
14	$C_{18}H_{35}O_3$	299.259 35	299.259 17	−0.6	433 236	1
15	$C_{19}H_{39}O_2$	299.295 66	299.295 55	−0.3	442 974	0

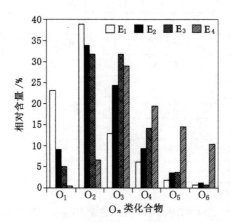

图 6-18　ESI FT-ICR MS 分析 UER_{XL} 超临界醇解所得
$E_1 \sim E_4$ 中 $O_1 \sim O_6$ 类化合物的相对含量

O_1 类化合物如图 6-19 所示，$E_1 \sim E_4$ 中的 O_1 类化合物的 DBE 集中在 $4 \sim$ 13 间，而 CNs 分布在 $11 \sim 29$ 间。DBE＝4 的 O_1 类应该是烷基苯酚类化合物，它们的 CNs 为 $10 \sim 24$，对应烷基侧链（alkyl side chains，ASCs）的碳数分布为 $4 \sim 18$。E_1 中含量最丰富的 O_1 类为 DBE＝6 系列化合物。$E_2 \sim E_4$ 中相对含量最高的 O_1 类为 DBE＝5 的系列化合物，CNs 主要集中在 $13 \sim 17$ 间，且相对含量呈正态分布。DBE 增加 1，化合物增加 1 个脂肪环或者双键；而 DBE 增加 3，可能在原有的芳环上增加一个苯环。因此，O_1 类中 DBE 为 5 和 6 的系列化合

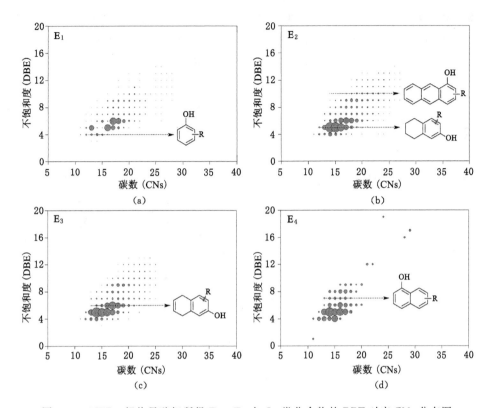

图 6-19 UER$_{XL}$ 超临界醇解所得 E$_1$～E$_4$ 中 O$_1$ 类化合物的 DBE 对应 CNs 分布图

物可能为烷基四氢萘酚（C$_{11}$～C$_{24}$）和烷基二氢萘酚（C$_{12}$～C$_{24}$），它们 ASCs 的 CNs 分布为 1～14。因为烷基苯酚的 DBE＝4，O$_1$ 类中 DBE 为 7 和 10 的系列化合物可能分别为烷基萘酚和烷基蒽酚。除烷基苯酚外，其他芳酚类化合物由于沸点较高难以被 GC/MS 检测到。

O$_2$ 类化合物如图 6-20 所示。UER$_{XL}$ 超临界醇解所得 O$_2$ 类化合物可能主要包括 AAs、芳二酚和芳酸，但在 E$_1$～E$_3$ 中出现的 DBE＝0 含量较低的系列化合物可能是烷二醇类。图 6-20 中，E$_1$～E$_4$ 中含有的 O$_2$ 类化合物的 DBE 和 CNs 分别分布在 0～14 和 9～31 间。E$_1$ 中 DBE＝8 的系列化合物（C$_{12}$～C$_{31}$）相对含量最高，可能是 ASCs 碳数为 1～20 的烷基萘甲酸，其中 C$_7$-萘甲酸的含量最高。E$_2$～E$_4$ 中含量最丰富的 O$_2$ 类化合物为 AAs（DBE＝1），它们的 CNs 分布为 9～28 且主要集中在 14～18 之间，而利用 GC/MS 只在 E$_4$ 中检测到 AAs。O$_2$ 类中 DBE 为 4、7 和 10 的系列化合物可能分别是烷基苯二酚、烷基萘二酚和烷基蒽二酚，利用 ESI FT-ICR MS 在一种低温煤焦油中也检测到这些烷基芳二酚类化合物[39]。O_2 类中 DBE 为 5、8、11 和 14 的系列化合物则可能分别对应烷基苯甲酸、烷基萘甲酸、烷基蒽甲酸和烷基苯并菲甲酸。除部分 AAs 和烷基苯甲酸外,大部分 O_2 类化合物由于极性和沸点较高不易被 GC/MS 检测到。

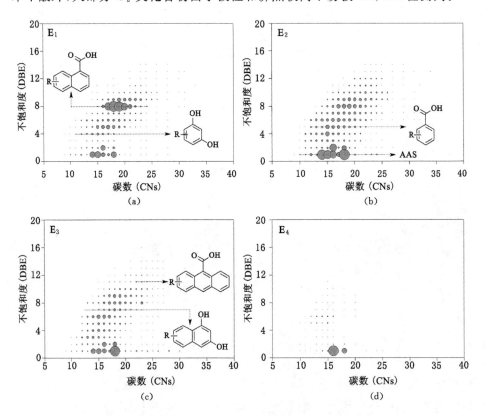

图 6-20　UER$_{XL}$ 超临界醇解所得 $E_1 \sim E_4$ 中 O_2 类化合物的 DBE 对应 CNs 分布图

O_3 类化合物如图 6-21 所示,$E_1 \sim E_4$ 中的绝大部分 O_3 类化合物的 DBE 在 $1 \sim 14$ 间,CNs 分布在 $9 \sim 31$ 之间。O_3 类化合物中的含氧官能团可能包括羧基、羟基和/或羰基等。在 O_3 类化合物中,羟基取代 AAs(DBE=1)和羰基取代 AAs(DBE=1)在 $E_1 \sim E_4$ 中均存在,但它们的相对含量较低。如图 6-21 所示,$E_1 \sim E_3$ 中相对含量最高的 O_3 类化合物 DBE 为 5 和 6,可能分别是烷基羟基苯甲酸和烷基羟基四氢萘甲酸。它们的相对含量分别在 $9 \sim 28$ 和 $11 \sim 28$ 的 CNs 之间呈正态分布,对应 ASCs 的碳数分别为 $2 \sim 21$ 和 $0 \sim 17$,在 ASCs 中碳数分别为 8 和 6 的化合物丰度最高。烷基羟基萘甲酸(DBE=8)和烷基羟基蒽甲酸(DBE=11)这两个系列的 O_3 类化合物也存在于 $E_1 \sim E_3$ 中,前者在 E_1 中的相对含量较高。如前文所述,增加 1 个苯环,不饱和度增加 3,因此 O_3 类化合物中

DBE 为 4、7、10、13 的系列化合物可能归属于含 1～4 个芳环的烷基芳三酚,或者它们的同分异构体如烷氧基取代的烷基芳二酚。相比 E_1～E_3,E_4 中 O_3 类化合物的 DBE 和 CNs 分布较窄,分别为 1～12 和 9～24,其中 CNs 在 11～16 之间的烷基羟基苯甲酸(DBE＝5)相对含量最高。

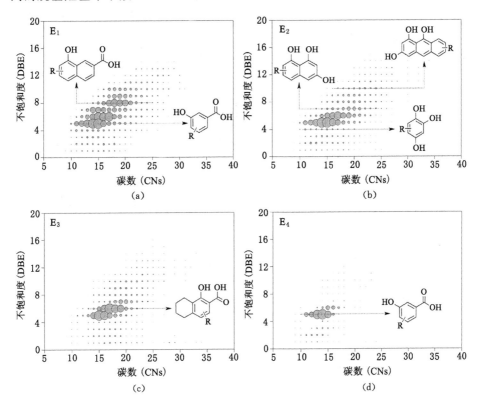

图 6-21　UER_{XL} 超临界醇解所得 E_1～E_4 中 O_3 类化合物的 DBE 对应 CNs 分布图

因为 O_4～O_6 类化合物中的含氧官能团可能有多种组合,因此推测它们的精确分子结构较为困难。如图 6-22 所示,E_1 和 E_4 中 O_4 类化合物的 DBE(2～11)和 CNs(8～24)分布范围较小,而 E_2 和 E_3 中 O_4 类化合物的 DBE 和 CNs 分别为 1～14 和 9～34。DBE＝2 的 O_4 类化合物应该是烷二酸(ADAs),CNs 分布于 6～30 之间,这类化合物也在褐煤的 RICO 产物中检测到[40]。图 6-22 中 DBE 为 5、8、11 和 14 的 O_4 类化合物可能是含 1～4 个芳环的烷基二羟基芳酸,而 DBE 为 6、9 和 12 的系列化合物则可能是含 1～3 个芳环的烷基芳二酸。如图 6-23 所示,E_1～E_4 中的 O_5 类化合物的 DBE 和 CNs 分别集中在 2～13 和 7～25 之间。DBE＝2 的 O_5 类化合物可能是 CNs 为 7～22 的羟基取代 ADAs。

DBE 为 6 和 9 的 O_5 类系列化合物可能归属于烷基羟基苯二甲酸和烷基羟基萘二甲酸,它们的 CNs 分别为 9～22 和 13～24,对应 ASCs 的碳数分别为 1～14 和 1～12。如图 6-24 所示,E_1～E_3 中 O_6 类化合物的 DBE 对应 CNs 分布相类似。E_4 中相对含量丰富的 O_6 类化合物为烷三酸(DBE＝3)和烯三酸(DBE＝4),CNs 分别在 6～19 和 7～19 之间,CNs 为 5～8 的烷三酸也出现在煤的 RICO 产物中[41-42]。

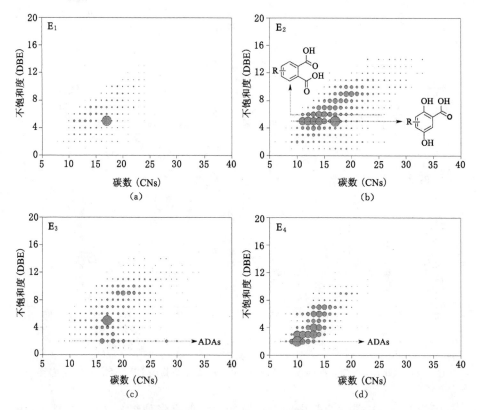

图 6-22　UER_{XL} 超临界醇解所得 E_1～E_4 中 O_4 类化合物的 DBE 对应 CNs 分布图

6.7.3　UER_{XL} 超临界醇解所得 E_1～E_4 中 SCSs 的分布

虽然硫在煤中所占的比重非常小,但是在煤燃烧过程中由硫产生的 SO_x 是造成环境污染特别是酸雨的重要原因。此外,煤转化过程中由硫导致的催化剂中毒和设备腐蚀等问题也不容忽视。因此,有效脱除煤中的硫是煤洁净利用过程中的重要工序。大量的研究致力于煤中硫的脱除,但因缺乏对煤中硫详细化学组成的了解而存在不足。因此,详细了解煤中 SCSs 的化学组成、反应性和转

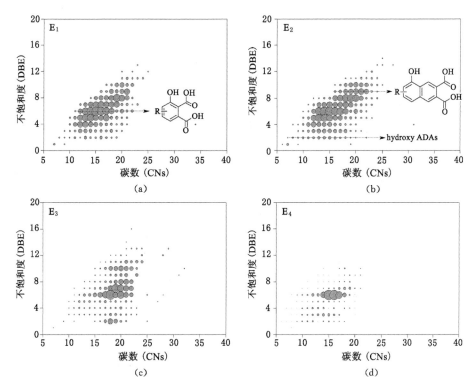

图 6-23 UER$_{XL}$超临界醇解所得 E$_1$～E$_4$ 中 O$_5$ 类化合物的 DBE 对应 CNs 分布图

化路径不仅能为硫的起源提供重要信息,也有利于煤中硫的脱除。利用GC/MS 分析了三种萃取残渣醇解所得 E$_1$～E$_4$ 中 SCSs(表 6-11),发现以烷基取代苯并噻吩为主,但它们仅代表了褐煤中很少一部分 SCSs。E$_1$～E$_4$ 中一些含极性官能团的 SCSs 因极性较高不易被 GC/MS 检测到,ESI FT-ICR MS 可能是分析这部分 SCSs 的有效手段。本节利用 ESI FT-ICR MS 分析 UER$_{XL}$超临界醇解所得 E$_1$～E$_4$ 中的 SCSs,探讨高分辨率质谱在分析煤及其衍生物中 SCSs 的可行性。

如图 6-25 所示,ESI FT-ICR MS 在 E$_1$～E$_4$ 中检测到的 SCSs 主要包括 S$_1$O$_x$($x=0～5$)、S$_2$O$_x$($x=0～5$)和 N$_3$S$_1$ 类化合物。从图中可以看出,E$_1$～E$_3$ 中的 SCSs 以 S$_1$O$_x$ 类化合物为主,S$_1$ 和 S$_1$O$_3$ 类的相对含量最高,而 S$_2$O$_x$($x=0～4$)和 N$_3$S$_1$ 类化合物则主要在 E$_4$ 中被检测到,其中 S$_2$O$_1$ 类化合物的相对含量最高。如前文所述,相同类和组(含不同 CH$_2$)的化合物或同系物的 KMD 相同。从 E$_4$ 中 S$_2$O$_x$($x=0～4$)类化合物的 KMD 与 Kendrick 名义质量关系图(图 6-26)可以看出,KMD 相等的同系物在一条水平线上,间距相等两点之间质

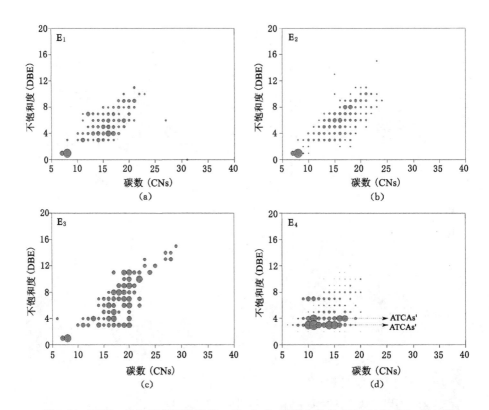

图 6-24　UER_{XL} 超临界醇解所得 $E_1 \sim E_4$ 中 O_6 类化合物的 DBE 对应 CNs 分布图

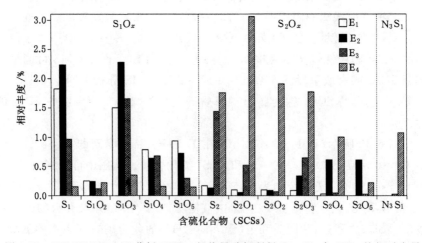

图 6-25　ESI FT-ICR MS 分析 UER_{XL} 超临界醇解所得 $E_1 \sim E_4$ 中 SCSs 的相对含量

量数相差一个 CH_2。对于相同类但不同组的化合物,增加一个脂肪环或者双键,水平线连续向纵坐标上方移动,相邻两条水平线之间 KMD 的差值对应 2 个 H 原子的 KMD 值。C 和 H 原子个数相同(即 DBE 相同,S 和 O 个数不影响 DBE 值)的不同 S_2O_x 类化合物中,KMD 值随 O 原子个数的增加而增加。从图 6-26 也可以看出,E_4 中的 S_2O_x 类化合物的分子质量主要集中在 325~475 u 之间。

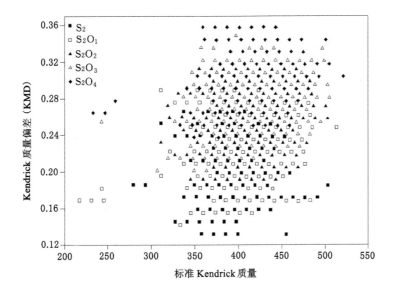

图 6-26 UER$_{XL}$ 的 E_4 的 ESI FT-ICR 谱图中
$S_2O_x(x=0~4)$ 类 KMD 与标准 Kendrick 质量的关系图

E_4 的 ESI FT-ICR 谱图中发现一系列有规律的质量数大于 300 u 的 S_2O_x 类化合物,而在 E_1~E_3 的谱图中没有发现这一规律。选取 E_4 谱图中质量数 在 396~417 u 范围的一段谱图[图 6-27(b)]放大进行分析,发现一系列质量 相差 2.015 7 u(H_2 的质量)整数倍的 S_2O_x 类化合物,对应 DBE 相差 1。进一 步对 401 u 附近的谱图[图 6-27(a)]进行放大分析,匹配出 13 种质量准确度 小于 0.5×10^{-6} 的不同 SCSs,包括 $S_1O_x(x=1~2)$ 和 $S_2O_x(x=0~5)$ 类化合 物,如表 6-14 所列,它们的 DBE 分布为 0~14。从图 6-27 中可以看出, $C_{24}H_{34}O_1S_2$(峰 8)的相对含量最高,这与 S_2O_1 类化合物为 E_4 中含量最高的 SCSs 相符(图 6-25)。

褐煤有机质的组成结构特征和温和转化基础研究

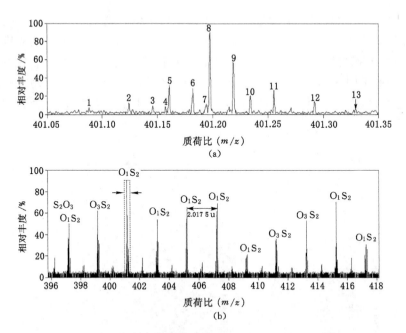

图 6-27 UER$_{XL}$ 超临界醇解所得 E$_4$ 在 396～417 u 范围和
401 u 附近的 ESI FT-ICRMS 谱图放大片段

表 6-14 ESI FT-ICRMS 分析鉴定 UER$_{XL}$ 超临界醇解所得
E$_4$ 在 401 u 附近的单电荷离子的归属

峰	分子式[M－H]$^-$	质量数/u		误差/ 10^{-6}	DBE
		检测值	理论值		
1	$C_{21}H_{21}O_4S_2$	401.088 80	401.088 67	－0.3	11
2	$C_{22}H_{25}O_3S_2$	401.124 86	401.125 06	0.5	10
3	$C_{19}H_{29}O_5S_2$	401.146 22	401.146 19	－0.1	5
4	$C_{26}H_{25}O_2S_1$	401.157 86	401.158 07	0.5	14
5	$C_{23}H_{29}O_2S_2$	401.161 34	401.161 45	0.3	9
6	$C_{20}H_{33}O_4S_2$	401.182 39	401.182 57	0.5	4
7	$C_{27}H_{29}O_1S_1$	401.194 63	401.194 46	－0.4	13
8	$C_{24}H_{33}O_1S_2$	401.197 68	401.197 83	0.4	8
9	$C_{21}H_{37}O_3S_2$	401.218 81	401.218 96	0.4	3
10	$C_{25}H_{37}S_2$	401.234 07	401.234 22	0.4	7
11	$C_{22}H_{41}O_2S_2$	401.255 30	401.255 35	0.1	2
12	$C_{23}H_{45}O_1S_2$	401.291 61	401.291 73	0.3	1
13	$C_{24}H_{49}S_2$	401.328 10	401.328 12	0.0	0

对 SCSs 中相对含量较高的 S_1、S_1O_3 和 $S_2O_x(x=0\sim4)$ 类化合物的 DBE 和 CNs 分布进行深入分析。如图 6-28 所示,尽管 $E_1\sim E_4$ 中 S_1 类化合物的 DBE 为 $0\sim13$,但 DBE$=0$ 的系列化合物的相对含量占绝对优势,它们可能是硫烷或者硫醇类化合物。在 DBE$=0$ 的 S_1 类中分子式为 $C_{21}H_{44}S$(准分子离子为 327.309 u)的化合物在 $E_1\sim E_4$ 谱图中的相对丰度最高。因为硫醇在 ESI 的负离子模式下更容易被离子化,$C_{21}H_{44}S$ 的分子可能归属于 1-二十一烷硫醇,而不是它的硫烷同分异构体。如图 6-29 所示,S_1O_3 类化合物主要存在于 $E_1\sim E_3$ 中,DBE 分布范围为 $4\sim14$,其中 DBE$=4$ 的同系物的相对含量最高。DBE$=4$ 的 S_1O_3 类化合物可能是烷基羟基噻吩甲酸类,它们的 CNs 分布在 $9\sim19$ 之间,在 CNs 为 $16\sim19$ 时的相对含量最高,对应 ASCs 的碳数为 $11\sim14$。

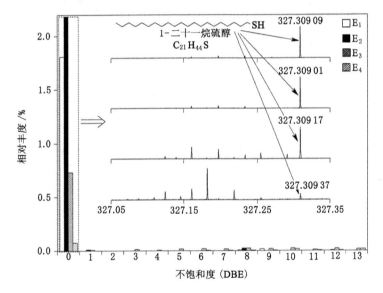

图 6-28　ESI FT-ICRMS 分析 UER$_{XL}$ 超临界醇解所得
$E_1\sim E_4$ 中 S1 类化合物的相对含量对应 DBE 图

S_2 类化合物主要集中在 E_3 和 E_4 中(图 6-25)。如图 6-30 所示,E_3 中 S_2 类化合物的 DBE 为 $4\sim14$、CNs 为 $23\sim33$,而 E_4 中 S_2 类化合物的 DBE 和 CNs 相对较小,分别在 $1\sim11$ 和 $19\sim29$ 之间。从图中可以看出,DBE 相等的同系物的相对含量随 CNs 的增加而减小。在 $E_1\sim E_4$ 中均没有检测到 DBE$=0$ 的 S_2 类化合物,表明二硫烷或硫二醇类化合物不存在或者含量非常低。S_2 类中 DBE$=5$ 的系列化合物可能归属于烷基二氢苯并噻吩硫醇,结构式如图 6-30 所示。增加 1 个苯环,不饱和度增加 3,因此 DBE 为 6、9 和 12 的 S_2 类化合物可能分别是烷基苯并[b]噻吩硫醇、烷基二苯并[b,d]噻吩硫醇和烷基苯并[d]萘并[2,3-b]噻吩硫醇,它所含 ASCs 的碳数分布分别为 15～23、8～20和 10～18。

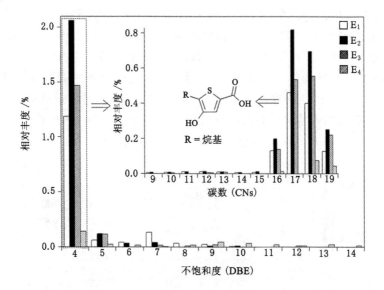

图 6-29　ESI FT-ICR MS 分析 UER$_{XL}$超临界醇解所得
E_1～E_4 中 S_1O_3 类化合物的相对含量对应 DBE 图

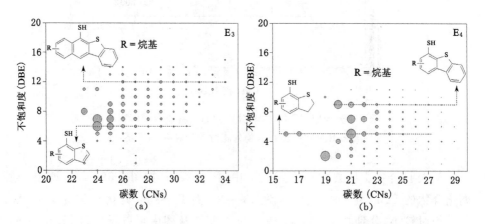

图 6-30　UER$_{XL}$超临界醇解所得 E_3 和 E_4 中 S_2 类化合物的 DBE 对应 CNs 分布图

如前文所述(图 6-25),S_2O_x(x＝0～4)类化合物主要富集在 E_4 中。如图 6-31 所示,S_2O_x 类化合物的 DBE 分布在 1～11 之间,CNs 为 16～29。S_2O_x 类中 DBE＜6 的化合物中的 S 原子可能以环二硫烷和噻吩类化合物的形式存在,

而 S_2O_x 类中 DBE≥6 的系列化合物应该含一个或多个苯环结构。S_2O_x 类化合物中的含氧官能团主要有羟基、羧基和/或羰基,羰基主要存在于亚砜和砜的结构中。通过 DBE 和 CNs 分布推测了 S_2O_x 类化合物中一些同系物的基本结构单元和它们的 ASCs 分布如图 6-31 所示。

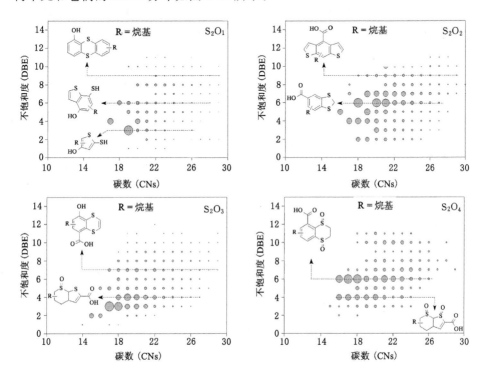

图 6-31　UER$_{XL}$超临界醇解所得 E_4 中 $S_2O_x(x=1\sim4)$
类化合物的 DBE 对应 CNs 分布图

6.8　超临界甲醇解生成 OCSs 和 SCSs 的可能反应历程

有机氧含量高是褐煤的一个重要特征,褐煤中的有机氧存在于醇类、酚类、羧酸、酮类、酯类和醚类中。褐煤中的—C—O—键以—C_{aryl}—O—、—C_{acyl}—O—和/或—C_{alk}—O—键的形式存在[1]。Lu 等[1]认为在超临界状态下,甲醇和乙醇可以作为亲核试剂进攻褐煤结构中的这些—C—O—键,形成含氧小分子化合物。推测 NaOH 存在下的褐煤萃取残渣甲醇解也存在类似的反应历程。如图6-32 所示,醇解过程中,甲醇中的 O 作为亲核原子进攻残渣中的 C_{acyl} 和 C_{alk} 导致—C_{acyl}—O—和—C_{alk}—O—键断裂,形成醇类、酚类、烷氧基苯、羧酸(如烷酸、烷二酸和芳酸等)和酯类等 OCSs。NaOH 之所以能促进醇解反应和提高可溶物收率,可能是因为醇解过程中 NaOH 可以削弱甲醇中的 C—O 和 O—H 键,使甲醇中的 O 更容易进攻—C$_{acyl}$—O—和—C$_{alk}$—O—键,从而促进 OCSs 的生成。生成的羧酸和酯类可能与 NaOH 反应形成相应的羧酸盐,经盐酸酸化后生成羧酸富集于 E$_3$ 和 E$_4$ 中。当然,OCSs 中的部分含氧官能团可能原本就存在于褐煤结构中,并不是通过醇解由—C—O—产生。

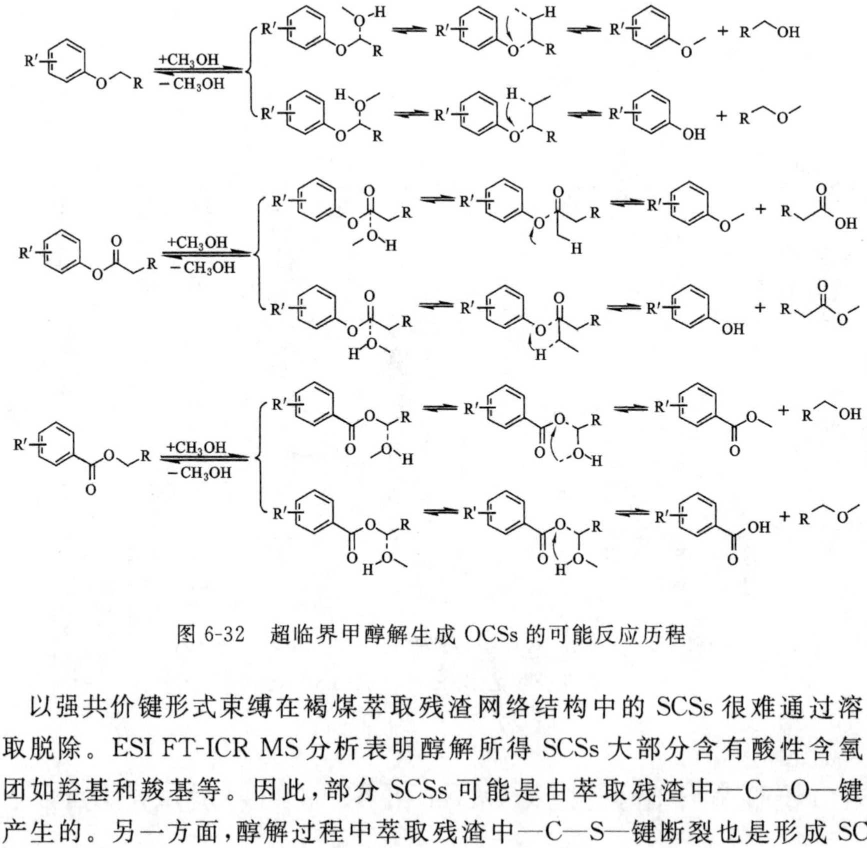

图 6-32　超临界甲醇解生成 OCSs 的可能反应历程

以强共价键形式束缚在褐煤萃取残渣网络结构中的 SCSs 很难通过溶剂萃取脱除。ESI FT-ICR MS 分析表明醇解所得 SCSs 大部分含有酸性含氧官能团如羟基和羧基等。因此,部分 SCSs 可能是由萃取残渣中—C—O—键断裂产生的。另一方面,醇解过程中萃取残渣中—C—S—键断裂也是形成 SCSs 的一种可能途径。以检测到的几个典型 SCSs 为例推测 SCSs 在醇解过程中的生成路径。如图 6-33 所示,甲醇中的 O 可以进攻连接 SCSs 和萃取残渣大分子结构的—C$_{acyl}$—O—键,生成烷基羟基噻吩甲酸(S$_1$O$_3$ 类)和烷基苯并[d]二噻唑甲酸(S$_2$O$_2$ 类)。类似地,甲醇中的 O 也可以进攻连接 SCSs 和大分子结构—C—S—键。如图 6-34 所示,烷基苯并[d]萘并[2,3-b]噻吩硫醇(S$_2$ 类)和烷基巯基苯并噻吩苯酚(S$_2$O$_1$ 类)是由—C—S—键断裂生成的。醇解可溶物中 ESI FT-ICR MS 检测到的 NCSs 同样大部分含有羟基和羧基等酸性含氧官能团。

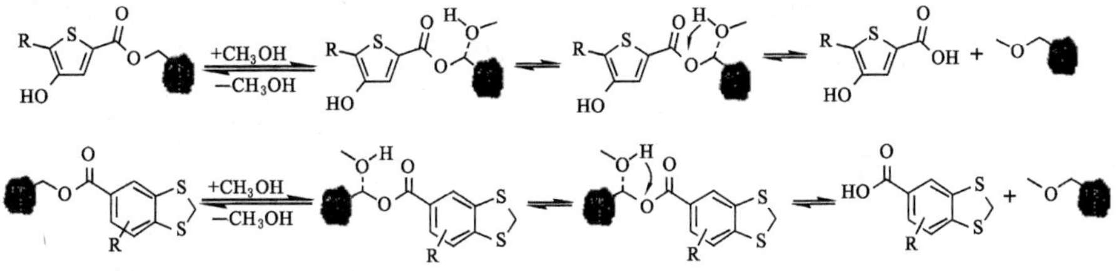

图 6-33 醇解生成羟基噻吩甲酸(S_1O_3 类)和烷基苯并[d]二噻唑甲酸的可能反应历程

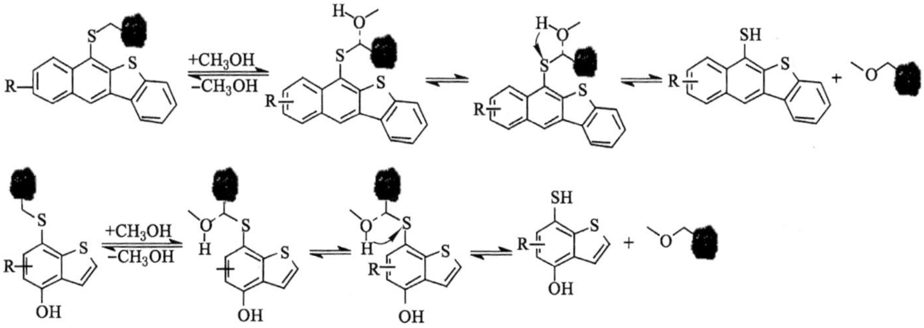

图 6-34 醇解生成烷基苯并[d]萘并[$2,3$-b]噻吩硫醇和
烷基巯基苯并噻吩苯酚的可能反应历程

6.9 本章小结

本章研究了 300 ℃下褐煤 UER 的超临界 NaOH/甲醇解反应,用 FTIR、GC/MS、DARTIS/ITMS、ASAP/TOF-MS 和 ESI FT-ICR MS 等对醇解所得可溶物 $E_1 \sim E_4$ 的化学组成进行详细分析,得到以下主要结果:

(1) 与原煤相似,UER 碳骨架结构芳环缩合度按 $UER_{XL} < UER_{XLT} < UER_{SL}$ 的顺序递增,而脂肪碳含量按 $UER_{XL} > UER_{XLT} > UER_{SL}$ 的顺序递减,亚甲基链长度按 $UER_{XL} > UER_{XLT} > UER_{SL}$ 的顺序递减。芳环单元结构的平均芳环数为 3~4,每个芳环平均约含 2 个取代基。

(2) 增加 NaOH 的用量能明显提高醇解可溶有机化合物的收率,NaOH 与 UER 的质量比为 1 时收率最高。$E_1 \sim E_4$ 中 GC/MS 可检测的酚类和芳烃主要存在于 E_1 和 E_2 中,而烷酸、烷二酸、苯甲酸和苯基取代烷酸等羧酸主要集中在 E_4 中。

（3）醇解可溶物的分子质量主要分布在 100～600 u。用 DARTIS/ITMS、ASAP/TOF-MS 和 ESI FT-ICR MS 检测了醇解可溶物中 GC/MS 不可检测的极性和/或不易挥发的化合物。醇解可溶物的 ESI FT-ICR MS 分析表明 O_1～O_6 类化合物（DBE 和 CNs 分布分别为 0～14 和 9～34）为主要的 OCSs，它们可能归属于烷酸、烷二酸、烷三酸、芳酚、芳二酚和芳酸等。

（4）ESI FT-ICR MS 检测到的 SCSs 包括 S_1O_x（$x=0$～5）、S_2O_x（$x=0$～5）和 N_3S_1 类化合物，S 原子以主要硫醇和 S-杂环的形态存在；根据 OCSs 和 SCSs 的组成和分布推测了超临界甲醇解反应机理。

本章参考文献

[1] LU H Y, WEI X Y, YU R, et al. Sequential thermal dissolution of Huolinguole lignite in methanol and ethanol [J]. Energy and Fuels, 2011, 25 (6): 2741-2745.

[2] SCHOBERT H H, SONG C. Chemicals and materials from coal in the 21st century [J]. Fuel, 2002, 81 (1): 15-32.

[3] LEI Z P, LIU M X, GAO L J, et al. Liquefaction of Shengli lignite with methanol and CaO under low pressure [J]. Energy, 2011, 36 (5): 3058-3062.

[4] ROSS D S, BLESSING J E. Alcohols as H-donor media in coal conversion. 1. base-promoted H-donation to coal by isopropyl alcohol [J]. Fuel, 1979, 58 (6): 433-437.

[5] ROSS D S, BLESSING J E. Alcohols as H-donor media in coal conversion. 2. base-promoted H-donation to coal by methyl alcohol [J]. Fuel, 1979, 58 (6): 438-442.

[6] MAKABE M, HIRANO Y, OUCHI K. Extraction increase of coals treated with alcohol-sodium hydroxide at elevated temperatures [J]. Fuel, 1978, 57 (5): 289-292.

[7] MAKABE M, FUSE S, OUCHI K. Effect of the species of alkali on the reaction of alcohol-alkali-coal [J]. Fuel, 1978, 57 (12): 801-802.

[8] MAKABE M, OUCHI K. Reaction mechanism of alkali-alcohol treatment of coal [J]. Fuel Processing Technology, 1979, 2 (2): 131-141.

[9] MAKABE M, OUCHI K. Structural analysis of NaOH-alcohol treated coals [J]. Fuel, 1979, 58 (1): 43-47.

[10] MAKABE M, OUCHI K. Solubility increase of coals by treatment with ethanol [J]. Fuel Processing Technology, 1981, 5 (2): 129-139.

[11] MAKABE M, OUCHI K. Effect of pressure and temperature on the reaction of coal with alcohol-alkali [J]. Fuel, 1981, 60 (4): 327-329.

[12] OUCHI K, OZAWA H, MAKABE M, et al. Dissolution of coal with NaOH-alcohol: effect of alcohol species [J]. Fuel, 1981, 60 (6): 474-476.

[13] 雷智平, 刘沐鑫, 水恒福, 等. 胜利褐煤超临界醇解反应行为研究 [J]. 现代化工, 2009, 29:

12-15.

[14] LEI Z P,LIU M X,SHUI H F,et al. Study on the liquefaction of Shengli lignite with NaOH/methanol[J].Fuel Processing Technology,2010,91(7):783-788.

[15] YOSHIDA T,MAEKAWA Y.Characterization of coal structure by CP/MAS carbon-13 NMR spectrometry[J].Fuel processing technology,1987,15:385-395.

[16] SONG C,HOU L,SAINI A K,et al. CPMAS ^{13}C NMR and pyrolysis-GC-MS studies of structure and liquefaction reactions of Montana subbituminous coal[J].Fuel processing technology,1993,34:249-276.

[17] JIA J,ZENG F,SUN B.Construction and modification of macromolecular structure model for vitrinite from Shendong 2~(-2) coal[J].Journal of Fuel Chemistry and Technology,2011,39:652-657.

[18] TONG J,HAN X,WANG S,et al. Evaluation of structural characteristics of Huadian oil shale kerogen using direct techniques (solid-state ^{13}C NMR,XPS,FT-IR,and XRD)[J]. Energy and Fuels,2011,25:4006-4013.

[19] LIN X,WANG C,IDETA K,et al. Insights into the functional group transformation of a Chinese brown coal during slow pyrolysis by combining various experiments[J].Fuel, 2014,118:257-264.

[20] 彭耀丽.锡林浩特和霍林郭勒褐煤的超临界醇解[D].徐州:中国矿业大学,2009.

[21] DONG J Z,KATOH T,ITOH H,et al. Origin of alkanes in coal extracts and liquefaction products[J].Fuel,1987,66(10):1336-1346.

[22] HUANG M Z,CHENG S C,CHO Y T,et al. Ambient ionization mass spectrometry:a tutorial[J].Analytica Chimica Acta,2011,702(1):1-15.

[23] SHI D L,WEI X Y,FAN X,et al. Characterizations of the extracts from geting bituminous coal by spectrometries[J].Energy and Fuels,2013,27(7):3709-3717.

[24] WANG S Z,FAN X,ZHENG A L,et al. Evaluation of atmospheric solids analysis probe mass spectrometry for the analysis of coal-related model compounds[J].Fuel,2014,117: 556-563.

[25] WANG Y G,WEI X Y,LIU J,et al. Analysis of some coal-related model compounds and coal derivates with atmospheric solids analysis probe mass spectrometer[J].Fuel,2014, 128:302-313.

[26] QIAN K,ROBBINS W K,HUGHEY C A,et al. Resolution and identification of elemental compositions for more than 3000 crude acids in heavy petroleum by negative-ion microelectrospray high-field Fourier transform ion cyclotron resonance mass spectrometry [J].Energy and Fuels,2001,15:1505-1511.

[27] WU Z,JERNSTRÖM S,HUGHEY C A,et al. Resolution of 10000 compositionally distinct components in polar coal extracts by negative-ion electrospray ionization Fourier transform ion cyclotron resonance mass spectrometry[J].Energy and Fuels,2003,17:

946-953.

[28] MARSHALL A G,RODGERS R P.Petroleomics;the next grand challenge for chemical analysis[J].Accounts of Chemical Research,2004,37;53-59.

[29] WU Z,RODGERS R P,MARSHALL A G.Compositional determination of acidic species in Illinois no.6 coal extracts by electrospray ionization Fourier transform ion cyclotron resonance mass spectrometry[J].Energy and Fuels,2004,18;1424-1428.

[30] WU Z,RODGERS R P,MARSHALL A G.ESI FT-ICR mass spectral analysis of coal liquefaction products[J].Fuel,2005,84;1790-1797.

[31] MAPOLELO M M,RODGERS R P,BLAKNEY G T,et al. Characterization of naphthenic acids in crude oils and naphthenates by electrospray ionization FT-ICR mass spectrometry[J].International Journal of Mass Spectrometry,2011,300;149-157.

[32] SHI Q,PAN N,LONG H,et al. Characterization of middle-temperature gasification coal tar.Part 3;Molecular composition of acidic compounds[J].Energy and Fuels,2012,27; 108-117.

[33] COLATI K A,DALMASCHIO G P,DE CASTRO E V,et al. Monitoring the liquid/liquid extraction of naphthenic acids in brazilian crude oil using electrospray ionization FT-ICR mass spectrometry (ESI FT-ICR MS)[J].Fuel,2013,108;647-655.

[34] LIU F J,WEI X Y,XIE R L,et al. Characterization of oxygen-containing species in methanolysis products of the extraction residue from Xianfeng lignite with negative-ion electrospray ionization Fourier transform ion cyclotron resonance mass spectrometry[J]. Energy and Fuels,2014,28;5596-5605.

[35] LI Z K,ZONG Z M,YAN H L,et al. Characterization of acidic species in ethanol-soluble portion from Zhaotong lignite ethanolysis by negative-ion electrospray ionization Fourier transform ion cyclotron resonance mass spectrometry[J].Fuel Processing Technology, 2014,128;297-302.

[36] RATHSACK P,KROLL M M,OTTO M.Analysis of high molecular compounds in pyrolysis liquids from a german brown coal by FT-ICR-MS[J].Fuel,2014,115;461-468.

[37] RATHSACK P,WOLF B,KROLL M M,et al. Comparative study of graphite-supported LDI-and ESI-FT-ICR-MS of a pyrolysis liquid from a German brown coal[J].Analytical chemistry,2015,87;7618-7627.

[38] HUGHEY C A,HENDRICKSON C L,RODGERS R P,et al. Kendrick mass defect spectrum;a compact visual analysis for ultrahigh-resolution broadband mass spectra[J]. Analytical Chemistry,2001,73 (19);4676-4681.

[39] SHI Q,YAN Y,WU X,et al. Identification of dihydroxy aromatic compounds in a low-temperature pyrolysis coal tar by gas chromatography-mass spectrometry (GC-MS) and Fourier transform ion cyclotron resonance mass spectrometry (FT-ICR MS)[J].Energy and Fuels,2010,24 (10);5533-5538.

[40] MURATA S,TANI Y,HIRO M,et al. Structural analysis of coal through RICO reaction:detailed analysis of heavy fractions[J].Fuel,2001,80 (14):2099-2109.

[41] HUANG Y G,ZONG Z M,YAO Z S,et al. Ruthenium ion-catalyzed oxidation of Shenfu coal and its residues[J].Energy and Fuels,2008,22 (3):1799-1806.

[42] YAO Z S,WEI X Y,LV J,et al. Oxidation of Shenfu coal with RuO$_4$ and NaOCl[J].Energy and Fuels,2010,24 (3):1801-1808.